1949-2019
新中国气象事业70周年

几代人许国许疆励志风云
七十载创业创新献身气象

新中国气象事业70周年·新疆卷

新疆维吾尔自治区气象局

图书在版编目（CIP）数据

新中国气象事业70周年. 新疆卷 / 新疆维吾尔自治区气象局编著. --北京：气象出版社，2020.8
ISBN 978-7-5029-7157-1

Ⅰ.①新… Ⅱ.①新… Ⅲ.①气象-工作-新疆-画册 Ⅳ.①P468.2-64

中国版本图书馆CIP数据核字（2020）第085525号

新中国气象事业70周年·新疆卷
Xinzhongguo Qixiang Shiye Qishi Zhounian · Xinjiang Juan

新疆维吾尔自治区气象局　编著

出版发行：气象出版社	
地　　址：北京市海淀区中关村南大街46号	邮政编码：100081
电　　话：010-68407112（总编室）　　010-68408042（发行部）	
网　　址：http://www.qxcbs.com	E-mail：qxcbs@cma.gov.cn
策划编辑：周　露	
责任编辑：王元庆	终　　审：吴晓鹏
责任校对：王丽梅	责任技编：赵相宁
装帧设计：新光洋（北京）文化传播有限公司	
印　　刷：北京地大彩印有限公司	
开　　本：889 mm × 1194 mm 1/16	印　　张：12.75
字　　数：320千字	
版　　次：2020年8月第1版	印　　次：2020年8月第1次印刷
定　　价：258.00元	

本书如存在文字不清、漏印以及缺页、倒页、脱页等，请与本社发行部联系调换

《新中国气象事业70周年·新疆卷》编委会

主　编：赵　明
副主编：崔彩霞　杨　涛　谢国辉
委　员：郭　勤　王　攀　赵逸舟　曹占洲　周永刚
　　　　储长江　王建华　陈晓燕　李占军　谢　林

编写组
成　员：杨毅伟　潘继鹏　谢　芳　何　芳　彭　君
　　　　李小菊　刘　凤　胡家祥　赵　露　刘晓月
　　　　林　琳　李继辉

总 序

1949年12月8日是载入史册的重要日子。这一天，经中央批准，中央军委气象局正式成立，开启了新中国气象事业的伟大征程。

气象事业始终根植于党和国家发展大局，与国家发展同行共进、同频共振。 伴随着国家发展的进程，气象事业从小到大、从弱到强、从落后到先进，走出了一条中国特色社会主义气象发展道路。新中国成立后，我们秉持人民利益至上这一根本宗旨，统筹做好国防和经济建设气象服务。在国家改革开放的大潮中，我们全面加速气象现代化建设，在促进国家经济社会发展和保障改善民生中实现气象事业的跨越式发展。党的十八大以来，我们坚持以习近平新时代中国特色社会主义思想为指导，坚持在贯彻落实党中央决策部署和服务保障国家重大战略中发展气象事业，开启了现代化气象强国建设的新征程。70年气象事业的生动实践深刻诠释了国运昌则事业兴、事业兴则国家强。

气象事业始终在党中央、国务院的坚强领导和亲切关怀下，与伟大梦想同心同向、逐梦同行。 党和国家始终把气象事业作为基础性公益性社会事业，纳入经济社会发展全局统筹部署、同步推进。毛泽东主席关于气象部门要把天气常常告诉老百姓的指示，成为气象工作贯穿始终的根本宗旨。邓小平同志强调气象工作对工农业生产很重要，江泽民同志指出气象现代化是国家现代化的重要标志，胡锦涛同志要求提高气象预测预报、防灾减灾、应对气候变化和开发利用气候资源能力，都为气象事业发展指明了方向，鼓舞着我们奋勇前行。习近平总书记特别指出，气象工作关系生命安全、生产发展、生活富裕、生态良好，要求气象工作者推动气象事业高质量发展，提高气象服务保障能力，为我们以更高的政治站位、更宽的国际视野、更强的使命担当实现更大发展，提供了根本遵循。

在党中央、国务院的坚强领导下，一代代气象人接续奋斗、奋力拼搏，气象事业发生了根本性变化，取得了举世瞩目的成就。

70年来，我们紧紧围绕国家发展和人民需求，坚持趋利避害并举，建成了世界上保障领域最广、机制最健全、效益最突出的气象服务体系。

面向防灾减灾救灾，我们努力做到了重大灾害性天气不漏报，成功应对了超强台风、特大洪水、低温雨雪冰冻、严重干旱等重大气象灾害，为各级党委政府防灾减灾部署和人民群众避灾赢得了先机。我们建成了多部门共享共用的国家突发事件预警信息发布系统，努力做到重点灾害预警不留盲区，预警信息可在10分钟内覆盖86%的老百姓，有效解决了"最后一公里"问题，充分发挥了气象防灾减灾第一道防线作用。

面向生态文明建设，我们构建了覆盖多领域的生态文明气象保障服务体系，打造了人工影响天气、气候资源开发利用、气候可行性论证、气候标志认证、卫星遥感应用、大气污染防治保障等服务品牌，开展了三江源、祁连山等重点生态功能区空中云水资源开发利用，完成了国家和区域气候变化评估，组织了四次全国风能资源普查，探索建设了国家气象公园，建立了世界上规模最大的现代化人工影响天气作业体系，人工增雨（雪）覆盖500万平方公里，防雹保护达50多万平方公里，有力推动了生态修复、环境改善，气象已经成为美丽中国的参与者、守护者、贡献者。

面向经济社会发展，我们主动服务和融入乡村振兴、"一带一路"、军民融合、区域协调发展等国家重大战略，主动服务和融入现代化经济体系建设，大力加强了农业、海洋、交通、自然资源、旅游、能源、健康、金融、保险等领域气象服务，成功保障了新中国成立70周年、北京奥运会等重大活动和南水北调、载人航天等重大工程，积极引导了社会资本和社会力量参与气象服务，服务领域已经拓展到上百个行业、覆盖到亿万用户，投入产出比达到1∶50，气象服务的经济社会效益显著提升。

面向人民美好生活，我们围绕人民群众衣食住行健康等多元化服务需求，创新气象服务业态和模式，大力发展智慧气象服务，打造"中国天气"服务品牌，气象服务的及时性、准确性大幅提高。气象影视服务覆盖人群超过10亿，"两微一端"气象新媒体服务覆盖人群超6.9亿，中国天气网日浏览量突破1亿人次，全国气象科普教育基地超过350家，气象服务公众覆盖率突破90%，公众满意度保持在85分以上，人民群众对气象服务的获得感显著增强。

70年来，我们始终坚持气象现代化建设不动摇，建成了世界上规模最大、覆盖最全的综合气象观测系统和先进的气象信息系统，建成了无缝隙智能化的气象预报预测系统。

综合气象观测系统达到世界先进水平。 气象观测系统从以地面人工观测为主发展到"天—地—空"一体化自动化综合观测。现有地面气象观测站7万多个，全国乡镇覆盖率达到99.6%，数据传输时效从1小时提升到1分钟。建成了216部雷达组成的新一代天气雷达网，数据传输时效从8分钟提升到50秒。成功发射了17颗风云系列气象卫星，7颗在轨运行，为全球100多个国家和地区、国内2500多个用户提供服务，风云二号H星成为气象服务"一带一路"的主力卫星。建立了生态、环境、农业、海洋、交通、旅游等专业气象监测网，形成了全球最大的综合气象观测网。

气象信息化水平显著增强。 物联网、大数据、人工智能等新技术得到深入应用，形成了"云+端"的气象信息技术新架构。建成了高速气象网络、海量气象数据库和国产超级计算机系统，每日新增的气象数据量是新中国成立初期的100多万倍。新建设的"天镜"系统实现了全业务、全流程、全要素的综合监控。气象数据率先向国内外全面开放共享，中国气象数据网累计用户突破30万，海外注册用户遍布70多个国家，累计访问量超过5.1亿人次。

气象预报业务能力大幅提升。 从手工绘制天气图发展到自主创新数值天气预报，从站点预报发展到精细化智能网格预报，从传统单一天气预报发展到面向多领域的影响预报和风险预警，气象预报预测的准确率、提前量、精细化和智能化水平显著提高。全国暴雨预警准确率达到88%，强对流预警时间提前至38分钟，可提前3~4天对台风路径做出较为准确的预报，达到世界先进水平。2017年中国气象局成为世界气象中心，标志着我国气象现代化整体水平迈入世界先进行列！

70年来，我们紧跟国家科技发展步伐和世界气象科技发展趋势，大力加强气象科技创新和人才队伍建设，我国气象科技创新由以跟踪为主转向跟跑并跑并存的新阶段。

建立了较为完善的国家气象科技创新体系。 我们不断优化气象科技创新功能布局，形成了气象部门科研机构、各级业务单位和国家科研院所、高等院校、军队等跨行业科研力量构成的气象科技创新体系。强化气象科技与业务服务深度融合，大力发展研究型业务。加快核心关键技术攻关，雷达、卫星、数值预报等技术取得重大突破，有力支撑了气象现代化发展。坚持气象科技创新和体制机制创新"双轮驱动"，形成了更具活力的气象科技管理制度和创新环境。气象科技成果获国家自然科学奖26项，获国家科技进步奖67项。

科技人才队伍建设取得丰硕成果。 我们大力实施人才优先战略，加强科技创新团队建设。全国气象领域两院院士35人，气象部门入选"千人计划""万人计划"等国家人才工程25人。气象科学家叶笃正、秦大河、曾庆存先后获得国际气象领域最高奖，叶笃正获国家最高科学技术奖。一系列科技创新成果和一大批科技人才有力支撑了气象现代化建设。

70年来，我们坚持并完善气象体制机制、不断深化改革开放和管理创新，气象事业从封闭走向开放、从传统走向现代、从部门走向社会、从国内走向全球。

领导管理体制不断巩固完善。 坚持并不断完善双重领导、以部门为主的领导管理体制和双重计划财务体制，遵循了气象科学发展的内在规律，实现了气象现代化全国统一规划、统一布局、统一建设、统一管理，形成了中央和地方共同推进气象事业发展、共同建设气象现代化的格局，满足了国家和地方经济社会发展对气象服务的多样化需求。

各项改革不断深化。 坚持发展与改革有机结合，协同推进"放管服"改革和气象行政审批制度改革，全面完成国务院防雷减灾体制改革任务，深入推进气象服务体制、业务科技体制、管理体制等改革，初步建立了与国家治理体系和治理能力现代化相适应的业务管理体系和制度体系，为气象事业高质量发展注入强大动力。

开放合作力度不断加大。与近百家单位开展务实合作，形成了省部合作、部门合作、局校合作、局企合作的全方位、宽领域、深层次国内开放合作格局。先后与160多个国家和地区开展了气象科技合作交流，深度参与"一带一路"建设，为广大发展中国家提供气象科技援助，100多位中国专家在世界气象组织、政府间气候变化专门委员会等国际组织中任职，气象全球影响力和话语权显著提升，我国已成为世界气象事业的深度参与者、积极贡献者，为全球应对气候变化和自然灾害防御不断贡献中国智慧和中国方案。

气象法治体系不断健全。建立了《气象法》为龙头，行政法规、部门规章、地方法规组成的气象法律法规制度体系，形成了由国家、地方、行业和团体等各类标准组成的气象标准体系，气象事业进入法治化发展轨道。

70年来，我们始终坚持党对气象事业的全面领导，以政治建设为统领，全面加强党的建设，在拼搏奉献中践行初心使命，为气象事业高质量发展提供坚强保证。

70年来，气象事业发展历程中人才辈出、精神璀璨，有夙夜为公、舍我其谁的开创者和领导者，有精益求精、勇攀高峰的科学家，有奋楫争先、勇挑重担的先进模范，有甘于清苦、默默奉献的广大基层职工。一代代气象人以服务国家、服务人民的深厚情怀，谱写了气象事业跨越式发展的壮丽篇章；一代代气象人推动着气象事业的长河奔腾向前，唱响了砥砺奋进的动人赞歌；一代代气象人凝练出"准确、及时、创新、奉献"的气象精神，激发起干事创业的担当魄力！

70年的发展实践，我们深刻地认识到，**坚持党的全面领导是气象事业的根本保证**。70年来，在党的领导下，气象事业紧贴国家、时代和人民的要求，实现健康持续发展。我们坚持以习近平新时代中国特色社会主义思想为指导，增强"四个意识"，坚定"四个自信"，做到"两个维护"，把党的领导贯穿和体现到气象事业改革发展各方面各环节，确保气象改革发展和现代化建设始终沿着正确的方向前行。**坚持以人民为中心的发展思想是气象事业的根本宗旨**。70年来，我们把满足人民生产生活需求作为根本任务，把保护人民生命财产安全放在首位，把老百姓的安危冷暖记在心上，把为人民服务的宗旨落实到积极推进气象服务供给侧结构性改革等各方面工作，促进气象在公共服务领域不断做出新的贡献。**坚持气象现代化建设不动摇是气象事业的兴业之路**。70年来，我们坚定不移加强和推进气象现代化建设，以现代化引领和推动气象事业发展。我们按照新时代中国特色社会主义事业的战略安排，谋划推进现代化气象强国建设，确保气象现代化同党和国家的发展要求相适应、同气象事业发展目标相契合。**坚持科技创新驱动和人才优先发展是气象事业的根本动力**。70年来，我们大力实施科技创新战略，着力建设高素质专业化干部人才队伍，集中攻关制约气象事业发展的核心关键技术难题，促进了气象科技实力和业务水平的不断提升。**坚持深化改革扩大开放是气象事业的活力源泉**。70年来，我们紧跟国家步伐，全面深化气象改革开放，认识不断深化、力度不断加大、领域不断拓展、成效不断显现，推动气象事业在不断深化改革中披荆斩棘、破浪前行。

铭记历史，继往开来。《新中国气象事业70周年》系列画册选录了70年来全国各级气象部门最具有历史意义的图片，生动全面地记录了气象事业的发展足迹和突出贡献。通过系列画册，面向社会充分展示了气象事业70年来的生动实践、显著成就和宝贵经验；展现了气象事业对中国社会经济发展、人民福祉安康提供的强有力保障、支撑；树立了"气象为民"形象，扩大中国气象的认知度、影响力和公信力；同时积累和典藏气象历史、弘扬气象人精神，能够推动气象文化建设，凝聚共识，汇聚推进气象事业改革发展力量。

在新的长征路上，气象工作责任更加重大、使命更加光荣，我们将以习近平新时代中国特色社会主义思想为指导，不忘初心、牢记使命，发扬优良传统，加快科技创新，做到监测精密、预报精准、服务精细，推动气象事业高质量发展，提高气象服务保障能力，发挥气象防灾减灾第一道防线作用，以永不懈怠的精神状态和一往无前的奋斗姿态，为决胜全面建成小康社会、建设社会主义现代化国家做出新的更大贡献！

中国气象局党组书记、局长：刘雅鸣

2019 年 12 月

前言

新疆，古称西域，自古以来就是中国不可分割的一部分，疆域辽阔、草原广袤、高山雄峻、戈壁无垠。新疆位居我国天气上游，具有"三山夹两盆"的独特地形特点，生态环境极其脆弱而不稳定，干旱、寒潮、大风、风沙、低温冷害……多种气象灾害频发，一定程度上影响着新疆的社会经济发展。

70年来，新疆气象事业从新中国成立之初的百废待兴、百事待办的艰苦创业，到迅速进行气象观测、通信、预报、服务等业务的建设；从解放思想、改革开放，加快推进气象现代化建设，大力提高气象服务效益，到建立现代气象业务体系，成功探索出了一条新疆特色的发展道路，呈现出昂扬向上的良好发展态势。

70年来，新疆气象队伍逐步壮大，培养造就了一批扎根边疆的气象人才队伍。从新中国成立初期的10余人，发展到今天的2489人，在人才领域的深耕厚植，逐步建立起科学合理的气象人才培养体系，涌现出大批杰出气象人才，为全面推进气象现代化提供了强大的人才和智力支撑。

70年来，全疆气象综合观测系统不断完善。抚今追昔，通过电传邮局发预报、人工24小时值守观测的岁月一去不复返，气象台站从寥若晨星到遍布全疆各地，目前气象观测站已达到1300多个，已建成地基、空基和天基相结合的综合气象监测网，立体化、信息化、自动化观测体系建设逐步完善。

70年来，预测预报技术不断取得高质量发展。随着气象资料信息化和数值预报技术广泛应用，气象预报技术逐步实现了从传统的定性预报、描述性预报向数字化、格点化、精细化预报升级转变。全疆初步构建了无缝隙、格点化精细气象预报业务体系，预报时效进一步延伸，预报准确率和精细化程度大幅提升。

70年来，气象服务心系人民提质增效。从服务国防到普惠于民，从粗犷单一到精细多元，从报纸刊登、广播播放到新媒体、客户端网络发布，气象服务主体不断丰富，渠道不断扩展，内涵不断深入，逐步形成了包括决策气象服务、公众气象服务、专业气象服务在内的现代气象服务体系，坚持服从和服务于新疆经济社会发展大局，社会经济效益显著提高。

70年来，气象防灾减灾体系日益完善。经过多年实践，"党委领导、政府主导、部门联动、社会参与"的气象防灾减灾理念深入人心。具有新疆特色的基层气象防灾减灾救灾体系初步建成，区、地、县、乡（镇）四级气象灾害防御组织机构实现全覆盖。以气象灾害预警信号为先导的社会应急响应机制不断完善，社会灾害防御能力进一步提高，气象保障服务能力水平持续提升。

70年来，气象科技进步不断推动气象业务的发展。气象科技基础条件平台建设不断完善，科技成果转化机制不断优化，气象科技创新活力全面进发，新疆气象科技的显示度、影响力明显提高，得到国内、国际同行的认可，新疆气象现代化建设向着更高水平发展阔步迈进。

70年来，新疆各族气象儿女一心向党、爱国爱疆，不忘初心使命、坚定携手前进，以深沉的气象为民为农情怀，坚守在戈壁大漠、雪域高原，披星戴月、观云测雨，防灾减灾、保障生态，成功地实现了一次次突破和一个个跨越，奠定了未来发展的坚实基础。

"励志风云勇开拓、服务兴疆创一流"。回首70年的辉煌历程，各族气象儿女风雨兼程、奋斗拼搏；展望未来，新疆气象人更加激情满怀、壮志豪迈。70年的辉煌源自党中央对气象工作的方针政策，源自中国气象局和自治区党委、政府的正确领导，源自各级政府和部门的鼎力支持，源自社会各界的无私关爱，源自于新疆气象人的不懈追求！谨以此画册致敬曾为新疆气象事业建设、改革、发展做出突出贡献的领导专家和奋斗在气象业务、服务、科研、管理等岗位上的每位同志。

时序轮替春潮涌，征程再启气象新。现如今，中国特色社会主义进入新时代，新疆气象事业既拥有美好前景也面临诸多任务挑战。新疆气象人将更加紧密地团结在以习近平同志为核心的党中央周围，在中国特色社会主义的伟大实践中，直面人民期许，践行气象使命，踏响加快推动新疆气象事业高质量高水平发展的铿锵步伐，攻坚克难、矢志前行，为新疆社会稳定和长治久安，全面建成小康社会，实现中华民族伟大复兴的中国梦提供更加坚实有力的气象保障。

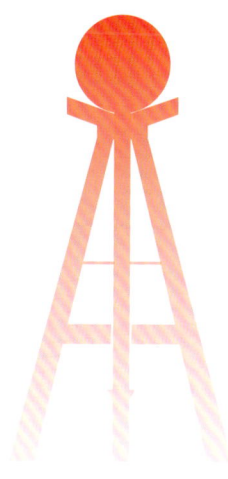

目 录

总序

前言

党和政府亲切关怀篇 1

气象公共服务篇 9

现代气象业务篇 41

气象科技创新篇 107

气象管理体系篇 123

开放与合作篇 133

气象精神文明建设篇 143

对口援疆篇 159

民族团结一家亲篇 175

党和政府亲切关怀篇

新疆气象事业在党中央坚强领导下，在新疆维吾尔自治区党委、自治区人民政府和中国气象局的重视支持下，紧紧围绕党和国家工作大局，全疆气象干部职工开拓创新、扎实工作，具有新疆特点气象现代化建设得到快速推进，气象业务能力和水平得到大幅提升，公共气象服务以及应对重大灾害和保障重大活动的能力得到显著加强，气象科技实力得到持续提高，在防御和减轻气象灾害、适应和减缓气候变化、开发和利用气候资源等方面取得巨大成效，在服务保障生态文明建设、综合防灾减灾救灾、乡村振兴、"一带一路"倡议等各项工作中充分发挥气象保障作用，成为保障新疆经济社会发展和人民安全福祉的有力支撑，在我国气象事业发展历史进程中谱写了崭新篇章。

◀ 20世纪70年代，中央气象局负责人邹竞蒙同志（左）与新疆维吾尔自治区气象局党组书记、局长苏占澍同志（右）合影

1997年7月，中国气象局名誉局长邹竞蒙（前排左2）视察新疆气象工作 ▶

▲ 1997年7月，中国气象局名誉局长邹竞蒙（左5）在克拉玛依的黑油山考察

新疆 党和政府亲切关怀篇

▲ 2002年元旦，中国气象局局长秦大河（左5）到大西沟气象站慰问

▼ 2005年2月4日，中国气象局副局长王守荣（左1）在新疆考察

▼ 2007年2月8日，中国气象局副局长张文建（左3）向喀什地委书记史大刚（右2）赠送风云二号D气象卫星拍摄的第一张可见光云图

► 2007年8月20日，中国气象局副局长许小峰（前排左2）在乌鲁木齐气象卫星地面站考察风云三号气象卫星信号接收建设工程

► 2007年10月16日，自治区党委组织部副部长、人事厅党组书记田文（左），新疆气象局局长史玉光（右）为中国气象局乌鲁木齐沙漠气象研究所博士后科研工作站揭牌

► 2007年12月16日，中国气象局局长郑国光（右1）视察喀什地区气象局预报会商室，仔细询问喀什近年来的气候变化，了解沙尘暴等灾害性天气发生频率的情况

2007年12月17日,中国气象局局长郑国光(左)向自治区主席司马义·铁力瓦尔地赠送气象书籍

2010年8月11日,中国气象局副局长矫梅燕(右3)一行在石河子气象台检查预报服务产品材料

▲ 2011年7月20日,中国气象局副局长沈晓农(前排左3)一行到博尔塔拉蒙古自治州气象局调研指导工作

2011年8月30日，中国气象局副局长宇如聪（前排右3）视察克拉玛依市气象局

2012年8月，前中国气象局局长温克刚（左2）一行到伊犁检查指导工作

2016年10月12日，中国气象局副局长于新文（左2）参观中国气象局乌鲁木齐沙漠气象研究所树木年轮气候研究室

▲ 2018年2月7日，中国气象局副局长余勇（中）看望慰问乌鲁木齐市气象局职工

▲ 2018年8月6日中国气象局局长刘雅鸣（前排左5）与援疆气象干部合影

◀ 2018年8月7日中国气象局局长刘雅鸣（中）在新疆气象局"访惠聚"驻村工作点看望慰问基层群众

气象公共服务篇

新疆气象局始终坚持服从和服务于新疆经济社会发展大局。从提供较为单一的公众服务和为农服务，已逐步发展形成包括决策服务、公众服务、专业服务和科技服务在内的气象服务体系。

面向工业、交通、环境保护、水利、国土、旅游等行业，以及森林防火、应急保障、气候资源开发利用、重大工程建设等领域的专业气象服务蓬勃发展。

公共气象服务

▲ 1986年10月,第二届气象专业服务座谈会

◀ 2012年7月,召开全疆气象影视、信息、专业服务研讨会

◀ 2014年1月,召开全疆气象科技服务会议

◀ 20世纪90年代开展气象灾害知识宣传

◀ 20世纪90年代开展气象科技三下乡

新中国气象事业 70 周年

行业气象服务

2014年3月,塔城托里县气象局为"春季牧业转场"提供气象服务 ▶

2006年建设的铁路大风监测站 ▶

2007年,新疆铁路大风自动监测站点增至50个 ▶

2013年9月,克拉玛依市气象局开展油田装置防静电检测

2017年,克拉玛依市气象局对乔尔玛交通气象站进行维护

▲ 2017年,气象、农技、保险多部门联合调查大风灾情

▲ 2019年5月，塔什库尔干县地震后，提供气象服务保障

▲ 2018年，乌鲁木齐市气象局为机场改扩建提供气象服务

▲ 2019年7月25日，吐鲁番市气象局为坎儿井旅游提供气象服务

▲ 2019年，吐鲁番气象局为火焰山景区提供气象服务

▲ 2019年，吐鲁番市气象局为沙疗场所提供气象服务

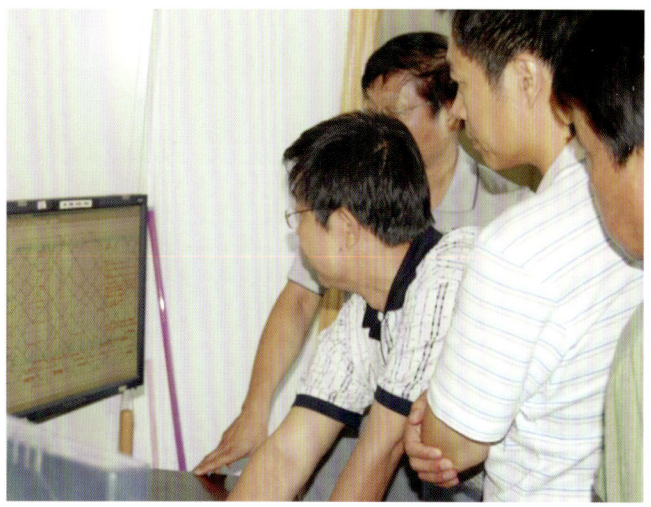
▲ 2015年，新疆气象局服务中心为新疆铁路部门提供大风预报预警服务

◀ 2019年9月26日，为吐哈油田生产提供服务保障建设的自动气象站——丘陵气象站

◀ 新疆气象局服务中心和喀什克孜勒苏柯尔克孜自治州气象局为机场建立自动气象站

▲ 2019年7月,新疆气象局服务中心为戈壁中的博乐地区精河县光辐基地提供气象服务

▲ 2019年7月,鄯善县气象局为石油行业提供气象服务建立气象监测站

◀ 2019年7月,为克拉玛依石油钻井平台提供气象宣传科普服务

▶ 克拉玛依气象服务油田
（摄于2019年）

▶ 吐鲁番市气象局为高昌古城提供气象服务
（摄于2019年）

决策气象服务

2019年2月1日,新疆气象台召开2019年春节假日期间天气媒体通气会

2019年5月13日,新疆气象局召开气象灾害防御多部门联合会商

生态气象保障

新疆已经建成基于多源卫星数据的气象灾害监测和评估系统。开展积雪、火情、干旱、沙尘暴、植被长势、湖泊水域等卫星监测和评估业务，对全疆的植被生态、草地生态环境、农田生态环境等多项生态系统进行遥感监测评价。充分利用卫星遥感、航空遥感以及地面生态观测，提升全疆的水体、荒漠、植被、草地、农田等多项生态遥感监测能力，为自治区生态环境可持续发展提供技术支撑。

▲ 2019年7月，鄯善沙漠腹地气候变化导致土地沙漠化严重

▲ 2019年，和田地区草场生态环境

▲ 2019年，和田地区沙漠生态环境

▲ 2019年，吐鲁番艾丁湖湿地气象服务

▲ 2019年，吐鲁番市气象局重点气象服务对象——葡萄种植园

▲ 2019年，和田地区湿地生态环境

▲ 2019年，新疆气象服务中的旅游圣地——火焰山全貌

▲ 新疆且末气象局观测平台（摄于2019年）

▲ 2019年，新疆若羌县气象局为地方旅游做好气象服务，图为有雅丹地貌特点的楼兰姑娘雕像

▲ 2019年，新疆沙漠腹地钾盐矿中针对钾盐矿的专业气象服务工作

▲ 且末县胡杨林区域自动站（摄于2019年7月）

▲ 若羌县国家基准站（摄于2019年7月）

▲ 鄯善县的库木塔格沙漠生态环境（摄于2019年）

人工影响天气气象服务

从1959年组织使用土炮、土火箭开始人工防雹和增雨作业试验起，经过60年的发展，新疆人工影响天气（以下简称人影）工作如今已形成了政府领导，气象主管机构管理、实施和指导的管理体系，形成了区-地-县-作业点统一协调、上下联动、空地结合、区域和兵地联防、现代化水平较高的"三级指挥、四级作业"人工防雹抗灾业务体系。装备规模、从业人员数量及作业保护区域面积均居全国前列。现拥有人影作业点1339个、人影雷达26部、高炮157门、火箭发射系统627套、碘化银烟炉210套、租用飞机5架，形成了以飞机、火箭、高炮、烟炉等作业工具组成的立体联合作业格局。年增雨（雪）作业面积34万~57万平方千米，防雹面积约4万平方千米。20世纪90年代以来，人影科技创新能力不断增强，取得国家科技进步奖二等奖1项、自治区科技进步奖3项、中国技术市场协会金桥奖2项，取得发明专利、实用新型专利、软件著作权50余项。

▲ 20世纪60年代新疆最早的人工土炮防雹

▲ 1971年冬天开展飞机人工增雪作业

▲ 1974年，驻新疆人民解放军高炮部队参加昭苏县人工防雹

▲ 1976年新疆研制的人工增雨、人工防雹小火箭试验飞行

▲ 1980年人影"711"雷达在昭苏帮助当地进行天气探测

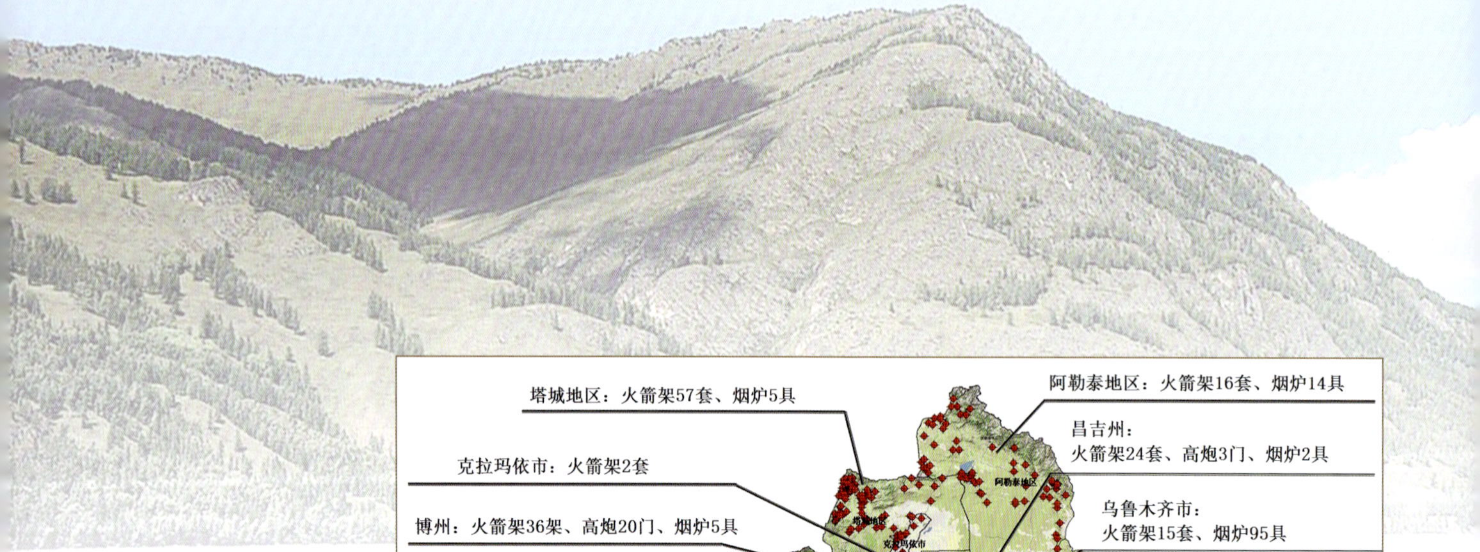

◀ 目前新疆区域人影装备分布图

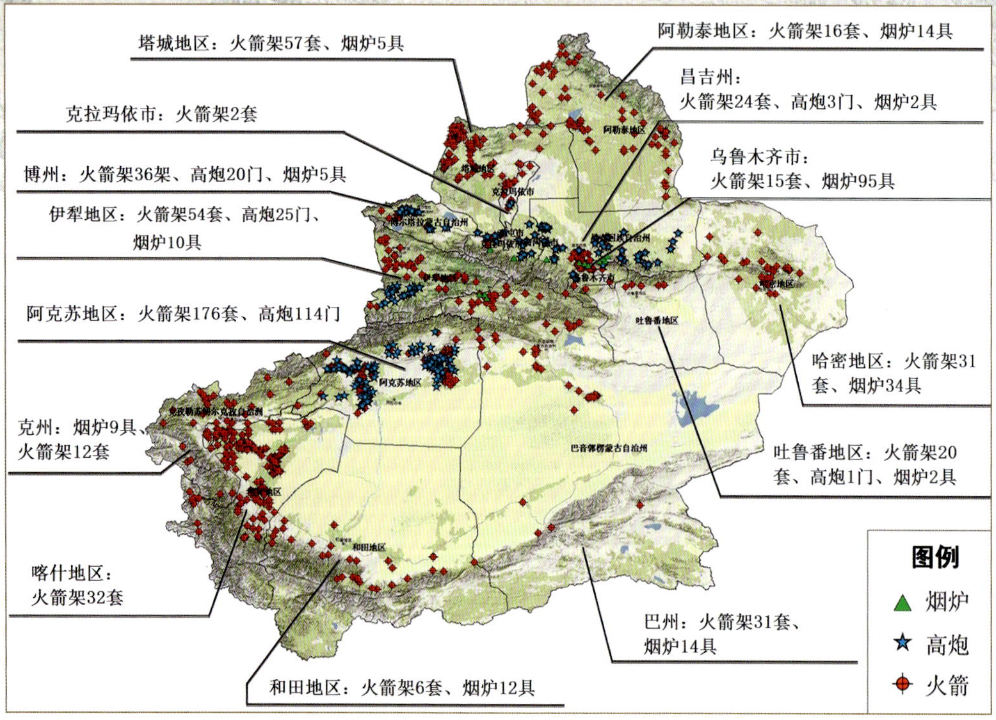

塔城地区：火箭架57套、烟炉5具

克拉玛依市：火箭架2套

博州：火箭架36架、高炮20门、烟炉5具

伊犁地区：火箭架54套、高炮25门、烟炉10具

阿克苏地区：火箭架176套、高炮114门

克州：烟炉9具 火箭架12套

喀什地区：火箭架32套

和田地区：火箭架6套、烟炉12具

阿勒泰地区：火箭架16套、烟炉14具

昌吉州：火箭架24套、高炮3门、烟炉2具

乌鲁木齐市：火箭架15套、烟炉95具

哈密地区：火箭架31套、烟炉34具

吐鲁番地区：火箭架20套、高炮1门、烟炉2具

巴州：火箭架31套、烟炉14具

图例
▲ 烟炉
★ 高炮
✦ 火箭

◀ 2011年6月，自治区政协调研组观摩天池人影碘化银烟炉发生器作业情况

◀ "三七"高炮实施山区人工增雨作业

◀ 火箭防雹增雨作业

◀ 自2016年以来，增雪基地增至4个，使用飞机5架，实施全疆主要山区冬春季飞机人工增雨（雪）作业。图为运-8型作业飞机

◀ 人影标准化作业点

◀ 建成了克拉玛依、库尔勒、和田三个飞机增雨保障基地。图为和田飞机人工增雨保障基地

气象公共服务篇 | 新疆

▲ 常年开展基层人影作业应急演练

▼ 2017年9月22—25日，在巴里坤联合开展国内首次大型无人机外场应用试验

2012年9月17日，自治区党委书记张春贤（右）会见中国气象局党组书记、局长郑国光，就加快做好空中水资源开发利用和推进人影工程项目建设交换意见

2018年1月29日，新疆维吾尔自治区党委常委、副主席艾尔肯·吐尼亚孜（前左）在新疆人影办调研

2019年，奎屯河、玛纳斯河地区人工影响天气联防会议

气象公共服务篇　新疆

▲ 编著出版人影各类实用教材

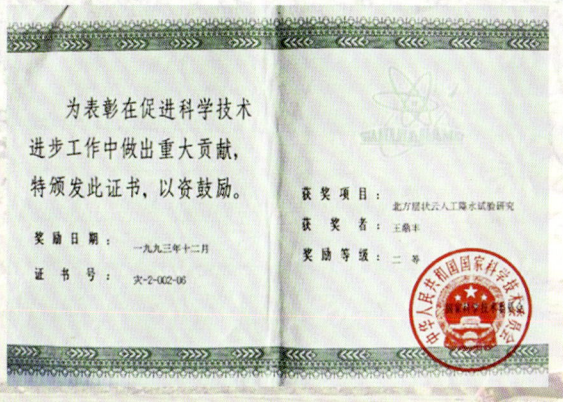
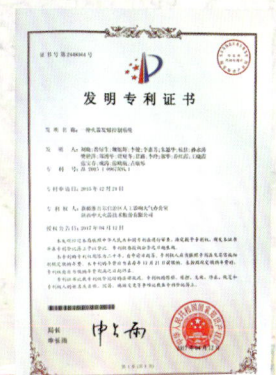

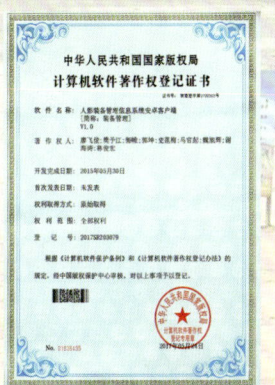

▲ 人影工作荣获国家科技进步奖二等奖1项、自治区科技进步奖3项、中国技术市场协会金桥奖2项，取得发明专利、实用新型专利、软件著作权50余项

气象为"三农"服务

农业气象服务领域已由传统农业扩展到包括农、林、牧、渔和现代农业等在内的大农业范畴，近年来持续推动气象服务"三农"实践创新、制度创新，持续加强农村气象灾害防御体系和农业气象服务体系建设，气象支撑农业生产的作用越来越显著，气象保障农民增收的成效越来越突出，气象助力农村发展的举措越来越有力，气象工作在服务"三农"发展中做出了应有的贡献。

▼ 20世纪80年代末的农业气象服务组人员合影

20世纪90年代初的农业气象服务组人员研讨为农服务工作 ▶

20世纪90年代末的农业气象服务组人员合影 ▶

▲ 2011年研制的棉花气象自动观测站第一套原理样机

◀ 2012年,农业气象台与兴农网信息中心建立

▼ 2012年,新疆维吾尔自治区人民政府副主席钱智（左）为自治区农业气象台揭牌

▼ 2012年,新疆维吾尔自治区人民政府副主席钱智（中）为新疆兴农网信息中心揭牌

▲ 2012年昭苏草原人工取土测定土壤湿度

▲ 2012年冬小麦长势调查

▲ 2015年农气培训

▲ 2015年4月17日，库尔勒多部门冰雹灾害联合调查

2015年7月9日，伊犁昭苏牧草长势调查 ▶

▲ 2012年，昭苏草原土壤水分自动监测仪

▲ 2012年，农气人员在五家渠查看葡萄长势

▲ 2016年，鄯善县气象局对沙漠水稻进行气象服务

▲ 2016年，鄯善县气象局对沙漠水稻进行气象服务

▲ 焉耆县气象局多举措助力酿酒葡萄冬埋气象服务（摄于 2016 年）

▲ 焉耆县气象局开展甜菜精准气象为农服务（摄于 2016 年）

▲ 气象为红色支柱产业之——工业番茄服务（摄于 2017 年）

▲ 春小麦开花末期观测（摄于 2017 年）

▲ 甜菜块根膨大观测（摄于 2017 年）

▲ 气象为红色支柱产业之——工业辣椒气象服务（摄于 2018 年）

▲ 2018年焉耆县气象局多举措助力酿酒葡萄采摘气象服务

◀ 2018年开展特色作物气候品质认证（辣椒）

▲ 2019年7月16日，和田地区气象局开展石榴气象服务

▲ 2019年7月25日，吐鲁番东坎农试站为吐鲁番葡萄基地进行气象服务

▲ 2019年7月25日，因气象服务喜获丰收的吐鲁番葡萄种植户

▲ 2019年巴音郭楞蒙古自治州（后文简称巴州）气象部门为辣椒红色素基地开展气象服务

◀ 和田地区气象局工作人员在核桃种植基地开展气象服务（摄于2019年）

和田红枣种植基地气象服务观测站（摄于2019年） ▶

气象公共服务篇 | 新疆

▲ 和田玫瑰园气象服务自动站（摄于2019年）

▲ 气象服务新疆知名产业葡萄酒基地（摄于2019年）

▲ 吐鲁番万亩拱棚甜瓜及千亩葡萄气象服务区（摄于2019年）

◀ 2019日7月20日，若羌县气象局"三农"气象服务展厅

◀ 2019年7月21日，焉耆县气象局工作人员在该县工业番茄生产基地开展现场气象服务

◀ 2019年7月21日，焉耆回族自治县气象局工作人员在该县十万亩酿酒葡萄基地开展气象服务

◀ 2019年7月,和田墨玉县气象局为大枣开展气象服务

2019年7月16日,喀什莎车县气象 ▶
局开展巴旦木种植气象服务

现代气象业务篇

不断推进气象现代化建设，已建成地基、空基和天基相结合的综合气象观测系统，综合气象观测能力明显增强，自动化程度迅猛提升，装备保障能力也随之提升，探索出新疆特有的"区-地-县三级保障模式"。气象预报技术和业务平台日益现代化，经过70年的发展，新疆气象局建立了涵盖短临、短期、中期、延伸期、月、季到年的无缝隙预报预测业务体系。

预报预测

新疆气象局气象预报技术和业务平台日益现代化，应用云计算、大数据、互联网+、智能化等现代信息技术，实现了由传统的人工分析为主的定性分析预报方式向以数值预报产品为基础、以人机交互处理系统为平台、综合应用多种技术方法的自动化、客观化和定量化分析预报的重大变革。

▶ 新疆气象事业的先驱

20世纪50年代，一群热血青年怀着建设边疆、建设新疆气象事业自愿报名来到新疆。他们就是中央气象局成都气象学校第七期毕业的30名学员。到达乌鲁木齐后的第二天，1956年8月21日，留下了这张有历史意义的照片

1954年七角井气象站全体同志合影留念（七角井站当时有观测、机要、通讯三个组）

1954年西北气象处撤销工作会议留影（第一排左5龚水如、第二排左1殷虎年、右1文鸿敏）

◀ 20世纪60年代新疆通讯台工程师李秀云（左4）和部分通讯台同志合影

▲ 1962年通信台电传组在向北京传递气象报告

▲ 20世纪60年代传递天气电报打字

▲ 20世纪70年代老一辈预报员在讨论天气

▲ 20世纪70年代天气预报会商

▶ 天气预报业务

2003年12月26日，新疆气象台预报会商分析天气形势

2012年12月24日，克拉玛依市气象局预警发布平台验收

2019年吐鲁番市气象台工作平台

▲ 2019年在新疆自治区气象台会商室召开重要天气影响联合会商

▲ 2019年乌鲁木齐区域中心气象台业务工作平台

区域高分辨率数值天气预报模式系统

新疆区域数值天气预报系统DOGRAFS采用27km/9km嵌套，9km分辨率覆盖全疆。2015年实现业务准入。

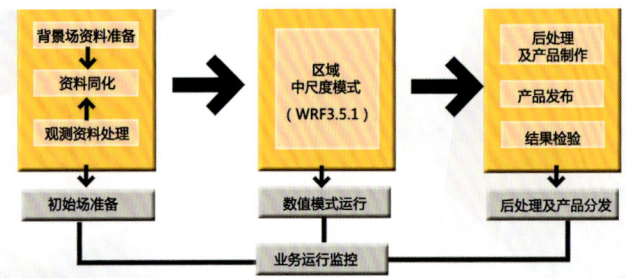

2018年新疆新一代高分辨率数值预报系统RMAPS-CA业务试运行。RMAPS-CA采用9km/3km嵌套，9km分辨率覆盖全疆。

RMAPS：Rapid-refresh Multi-scale Analysis and Prediction System（中文名：睿图）

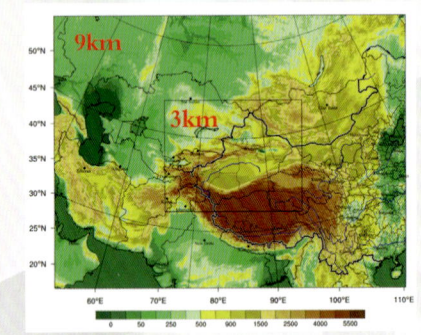

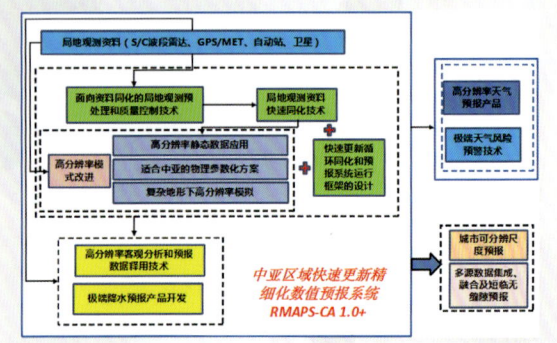

新疆数值预报团队不断提升科研、业务能力。优化模式运行框架，开展参数适用性研究，快速循环同化区域气象资料，提供丰富模式产品，力求满足新疆乃至中亚区域高分辨率的短时、短临预报业务需求。

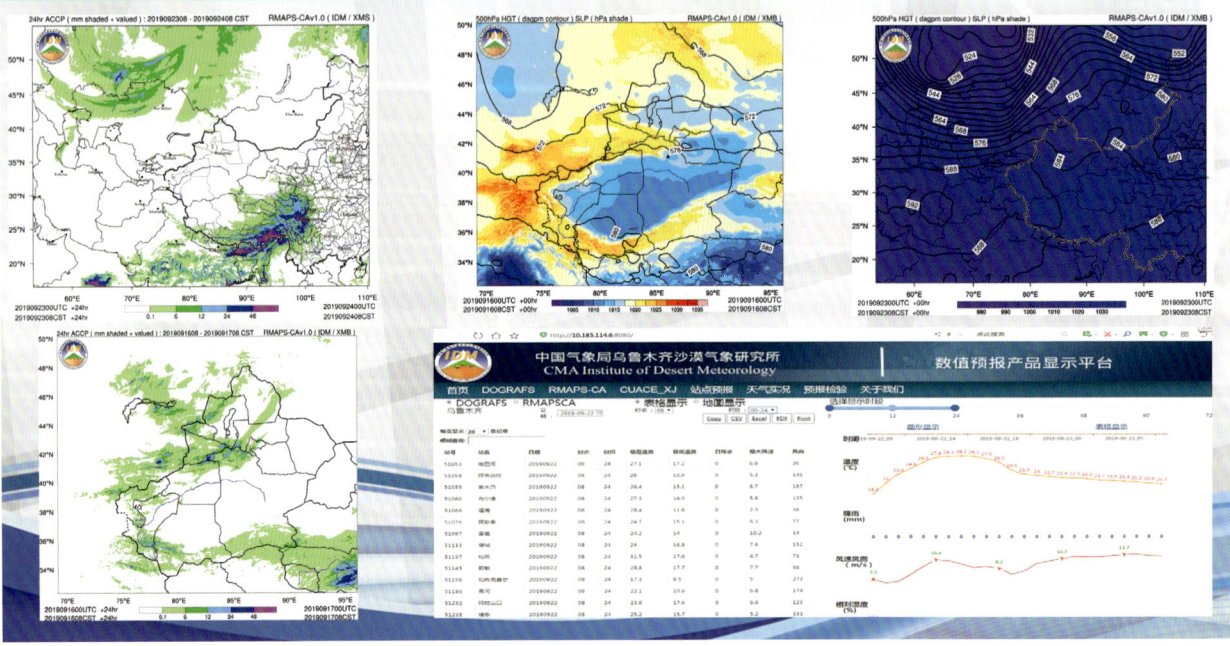

▲ 从无到有，不断提升区域数值预报服务能力

▶ 智能网格预报业务

打造高效智能集约的格点预报平台，以预报服务智能化、集约化为发展目标，基于新疆一体化预报平台建成面向短临、短中期、决策服务的格点业务体系。

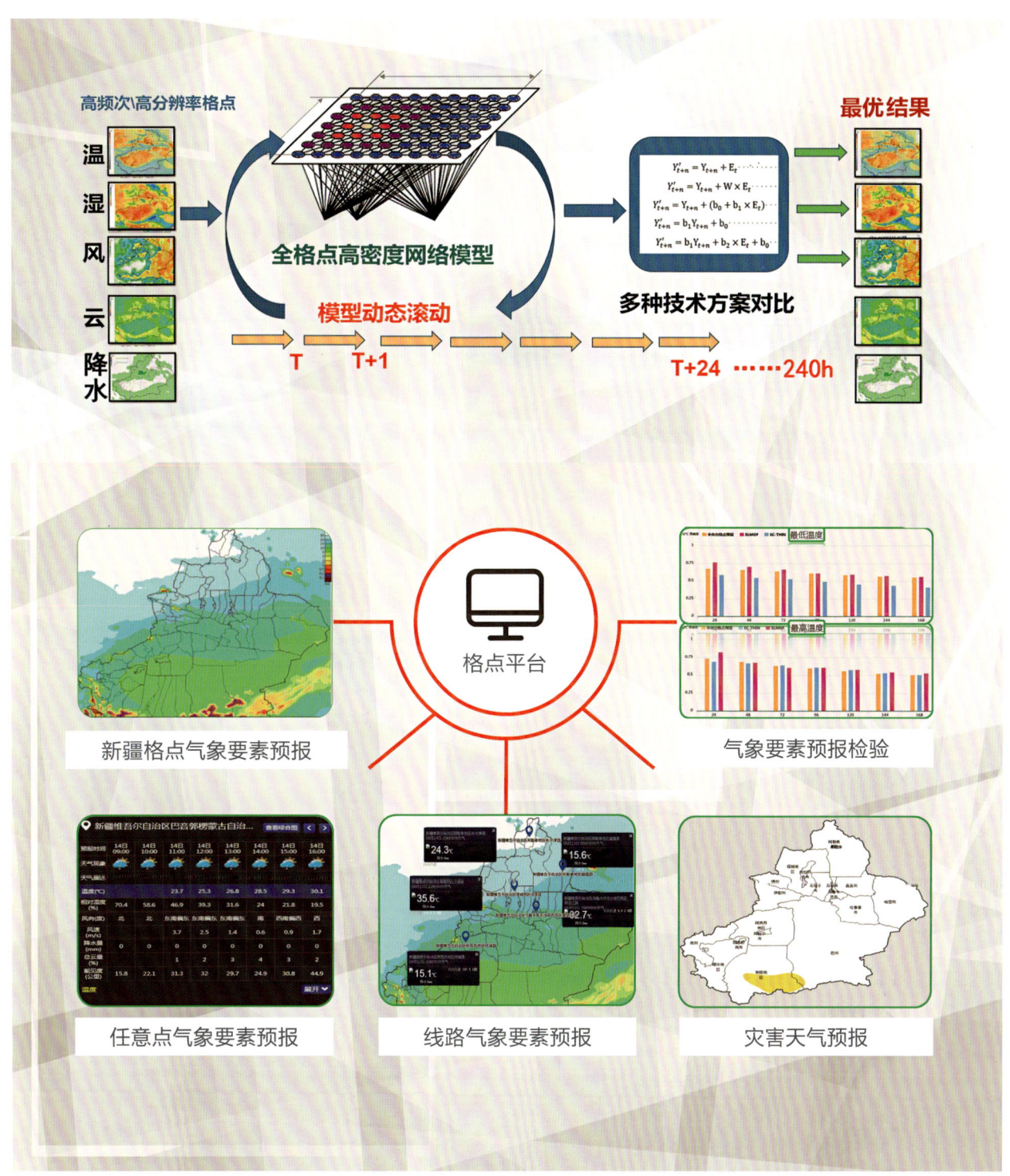

▲ 夯实发展基础，推进网格预报业务

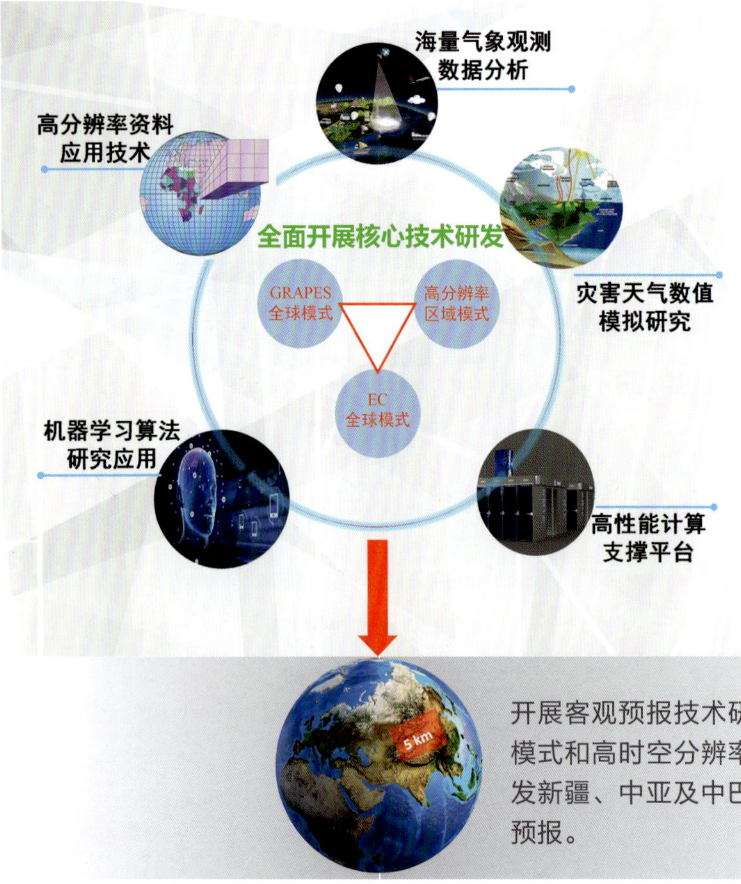

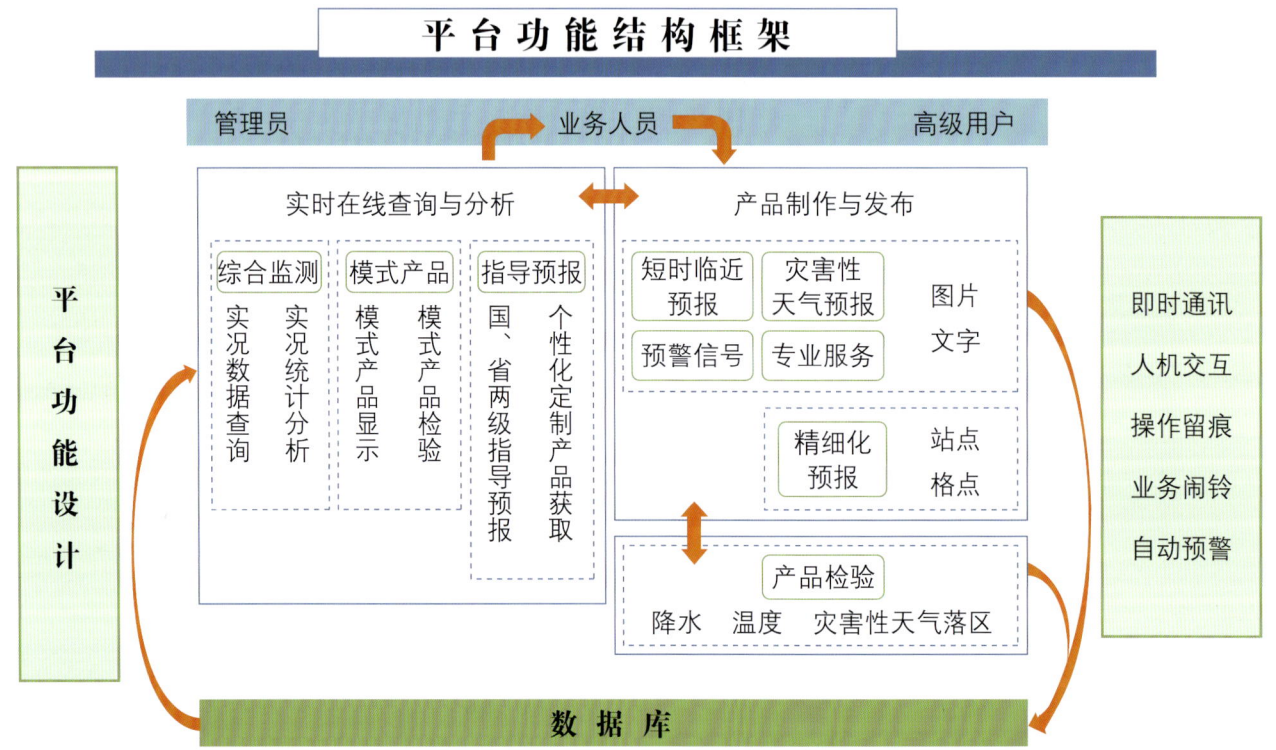

▲ 坚持科技创新，提升核心技术

▲ 推进业务平台建设，提供优质气象服务

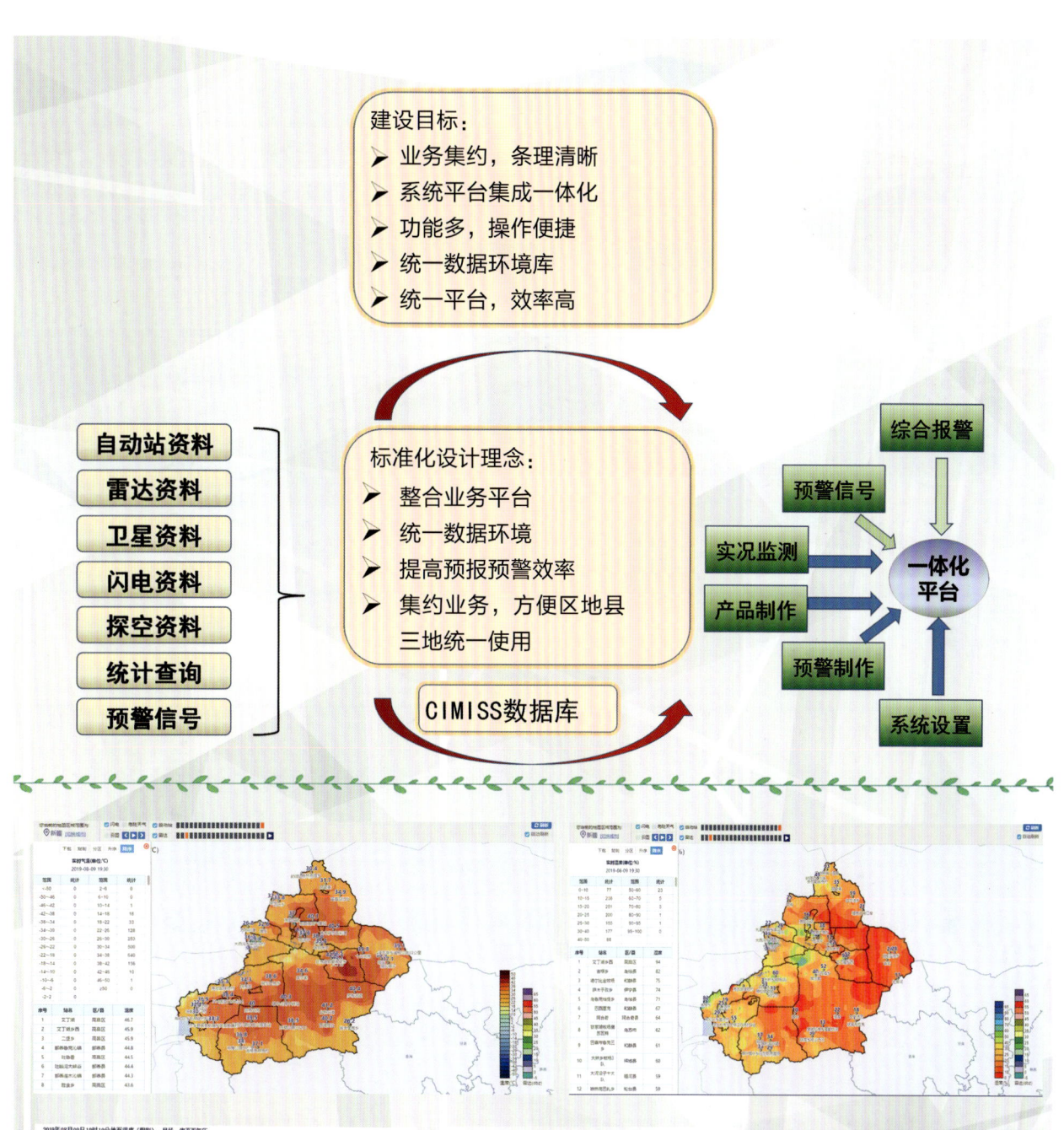

▲ 构建一体化短时临近天气预报报警平台

▶ 气候预测业务

▲ 基于CIPAS平台开发新疆短期气候预测业务系统，提升气候预测水平

▶ 预报服务产品和成果

▲ 乌鲁木齐十小气象员在宣传栏书写天气预报

▲ 2009年，新疆维吾尔自治区气象服务中心影视平台《中国气象频道》开始本地插播节目上载

◀ 2017年4月，新疆维吾尔自治区气象服务中心影视平台高清演播厅触屏节目录制中

2017年4月14日，新疆维吾尔自治区气象服务中心影视平台编辑机房 ▶

建立了涵盖短临、短期、中期、延伸期、月、季到年的无缝隙预报预测业务体系，气象预报预测业务由单一天气预报发展为目前的灾害性天气短时临近预报预警、中短期天气预报、延伸期预报、短期气候预测、气候变化监测、农业气象预报预测，以及人工影响天气、空气质量等级、地质灾害气象等级、森林草原火险气象等级、山洪地质灾害和城市积涝等潜势预报。

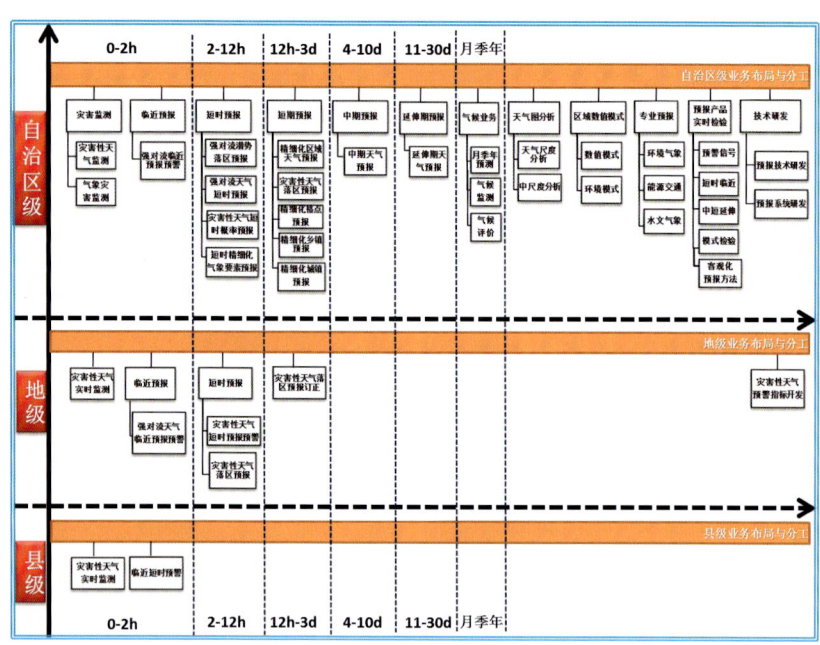

▲ 2019年新疆现代气象预报业务布局与分工图

▶ 灾害性天气落区预报、空气污染气象条件落区预报和周边国家气象保障服务

▲ 预报服务、决策气象服务、重大气象保障材料

▲ 20世纪60年代，出版塔城地区军事气候志

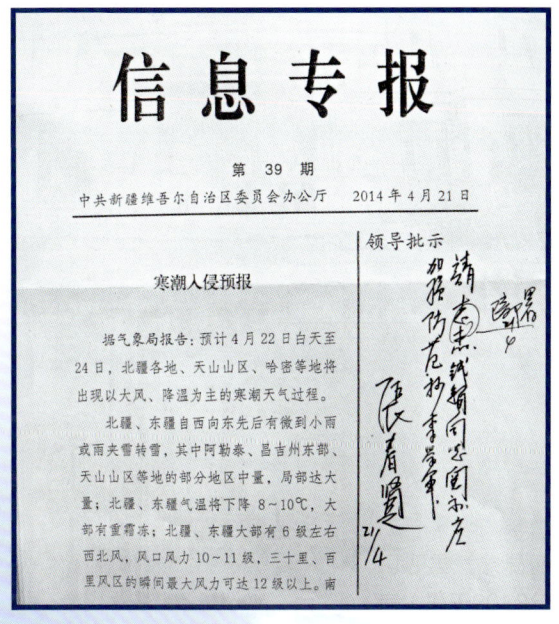

▲ 2014年4月21日张春贤对寒潮入侵预报作批示

新疆气象预报业务人员结合本地区特点，继承、总结预报经验并加以提高和应用，寒潮中期预报方法在北方省区得到广泛应用；苦练业务技能，在业务比赛中屡获佳绩。

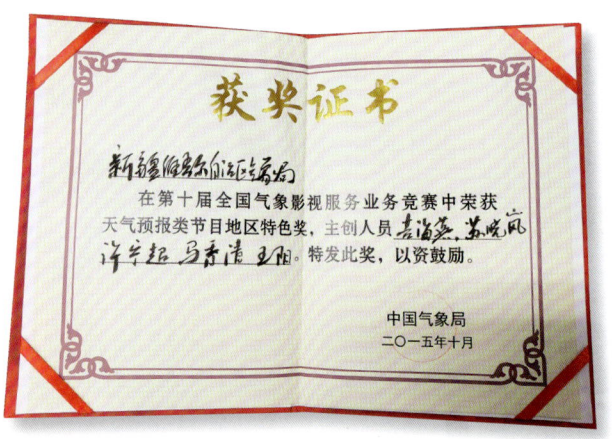

◁ 2015年10月，第十届全国气象影视服务业务竞赛天气预报类节目地区特色奖

◁ 2019年9月，第七届全疆天气预报技能竞赛团体第一名

◁ 2011年2月，全国气象行业职业技能竞赛新疆代表队获得全国团体第三名的最好成绩

现代气象业务篇 | 新疆

观测与网络

70年来，我们高度重视气象观测业务的基础性作用，不断推进气象现代化建设，综合气象观测能力明显增强，自动化程度迅猛提升，已建成了地基、空基和天基相结合，门类齐全，布局合理的综合气象观测系统。现105个国家级台站已全部采用新型双套自动站运行，其中有7个站承担酸雨观测、40个站承担农业气象观测、14个站承担高空气象观测。共建成8部新一代天气雷达、37个交通气象站、46个雷电监测站、14个GPS/MET水汽站、100个自动土壤水分站、4个沙尘暴站、1个国家大气本底站、1个电离层测高站、1部太阳磁场望远镜、1部太阳射电望远镜等空间天气站。已完成风云四号A星测距站、风云三号卫星接收系统及西部数据服务分中心、喀什前端站建设。

▶ 卫星地面站

▲ 1986年10月16日，乌鲁木齐气象卫星地面站业务运行人员对设备进行检查调试

◀ 1986年10月21日，在乌鲁木齐气象卫星地面站进行711-5-3工程建筑安装竣工验收会议

◀ 1987年12月26日，乌鲁木齐气象卫星地面站对接收天线进行骨架组装

新中国气象事业 70 周年

▲ 2007年9月9日,乌鲁木齐气象卫星地面站为风云三号气象卫星发射前的接收工作做准备,进行12米天线吊装

乌鲁木齐黑山头卫星地面站(摄于 ▶
2019年)

乌鲁木齐黑山头卫星地面站接收天 ▶
线(摄于2019年)

◀ 乌鲁木齐黑山头卫星地面站值班室（摄于2019年）

◀ 喀什国家基准气候站中卫星通信设备

◀ 喀什国家基准气候站中卫星通信设备内部

▶ 天气雷达站

▲ 乌鲁木齐新一代气象雷达站（摄于2003年）

▲ 克拉玛依气象雷达站（摄于2005年）

▲ 2013年11月，投入业务运行的精河新一代天气雷达

▲ 2012年12月，投入业务运行的和田新一代天气雷达

▲ 石河子气象局雷达站（摄于2019年7月）

▲ 伊宁新一代天气雷达站（摄于2019年8月）

现代气象业务篇 新疆

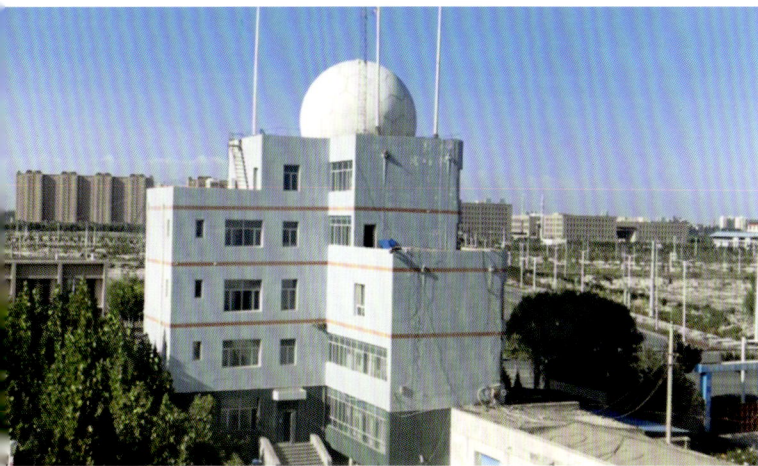

◀ 阿克苏新一代天气雷达站（摄于2019年）

▲ 喀什雷达站（摄于2019年）

◀ 2019年7月15日喀什雷达站进行实际操作相关业务学习

▲ 喀什莎车县气象局雷达（摄于2019年）

▲ 位于库尔勒市龙山上的新一代气象雷达（摄于2019年）

▶ 高空气象观测

◁ 阿拉山口气象站工作人员在用经纬仪观测（摄于1973年）

▲ 北塔山气象站探空组陈素兰在施放测风气球（摄于1964年）

北塔山气象站探空组陈素兰、▶
赵丽霞在整理探空纪录（摄于1973年）

◁ 位于塔克拉玛干大沙漠南沿的民丰县安迪河建立了雷达探空气象站，业务人员准备施放探空气球（摄于1979年）

现代气象业务篇 | 新疆

▲ 乌鲁木齐市气象局工作人员王茂在探空观测（摄于1983年）

▲ 20世纪80年代，新疆师范大学学生来乌鲁木齐市气象站参观学习，阿不都沙拉木同志讲解探空雷达功能

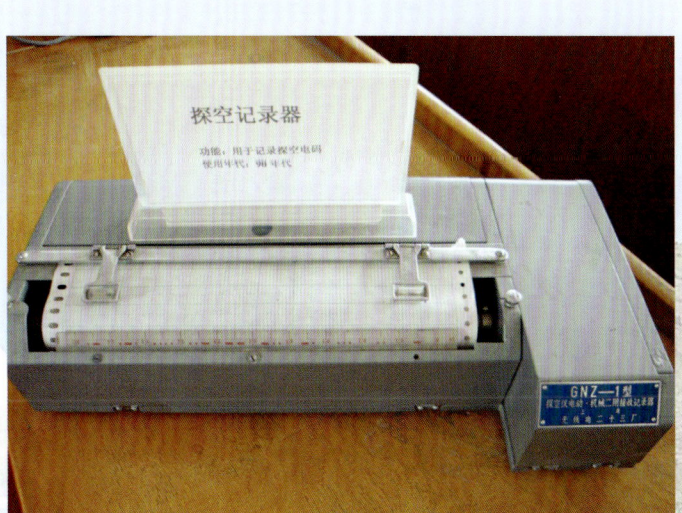
▲ 20世纪90年代塔城探空记录器

▲ 1996年，安迪河气象站探空观测业务工作检查

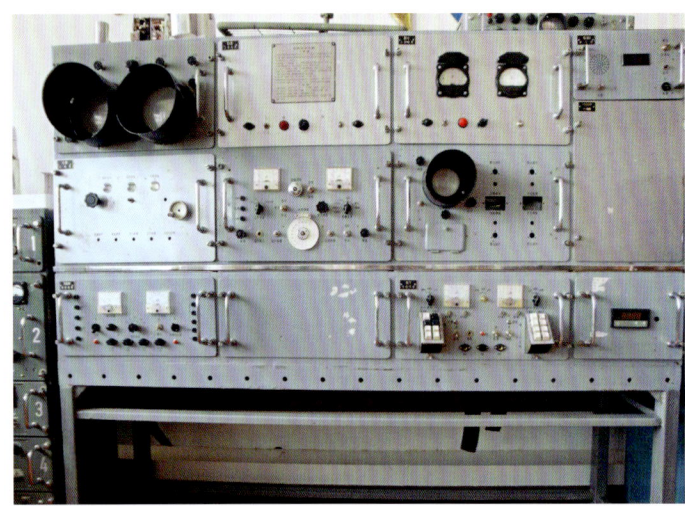

◀ 20世纪90年代塔城701-B测风雷达

▲ 喀什国家基准气候站高空探测雷达观测（摄于2019年）

▲ 若羌县国家基准站（摄于2019年）

▲ 和田地区气象局高空探测雷达（摄于2019年）

▶ 农业气象观测

▲ 1985年，新疆气象局工作人员在68团棉田用手持式测风仪进行测风

▲ 20世纪70年代，观测棉田土壤温度（图中站立者丁维缙，蹲下者别祖友）

▲ 1973年，大白菜丰收后，乌鲁木齐市气象局工作人员和农技人员、社员一起在永丰乡菜田测量大白菜每颗重和腰围

▲ 20世纪70年代，气象工作人员在观测玉米的生长情况和气象因子之间的关系（图中测量生长高度者：卢志英，记录者：别祖友）

▲ 1973年，乌鲁木齐市气象工作人员在乌鲁木齐市安宁渠现场农气观测

▲ 20世纪70年代，观测记录果园里的气象因子

2018年7月12日，新疆克孜勒苏柯尔克孜自治州（后文简称克州）气象局工作人员做小麦产量分析

2019年6月28日，乌鲁木齐市气象局业务人员在大西沟自动站进行牧草观测

吐鲁番东坎农试站观测场（摄于2019年）

▲ 2016年新建的巴州库尔勒包头湖棉花基地自动化气象观测站

▲ 2016年,在阿克苏阿瓦提新建的棉花自动化气象观测站

▲ 鄯善县甜瓜农业小气候自动站示范田(摄于2017年)

▲ 2011年11月5日，塔城土壤水分站

▲ 阿克苏阿拉尔红枣自动化气象观测站（摄于2019年）

▲ 新建的巴州轮台小白杏自动化气象观测站（摄于2019年）

▶ 地面气象观测

▲ 1954年,经新疆军区气象科批准,原焉耆气象站由县城东门大营房搬迁到东郊外新址。图为全站人员经艰苦劳动整平场地后,建成了新的观测场

1959年,乌鲁木齐市107班在建观测场地一景 ▶

◀ 阿拉山口气象站工作人员在民兵训练时休息片刻(摄于1973年)

◀ 1954年,首任新疆气象局局长苏占澍同志与妻子杨英同志一起学习地面气象观测业务知识

1968年,北塔山气象站陈素兰、伊福胜、王正信、李淑萍在哈萨克族牧民毡房喝奶茶 ▶

▲ 1972年,北塔山气象站陈素兰、李惠连、韩锡娟、王学琴在民兵训练

▲ 1983年,洛浦县气象局观测场

◁ 1990年,乌鲁木齐市气象局阿不都沙拉木同志进行地面气象观测

▲ 1958年,克拉玛依气象台工作人员在检查虹吸式雨量计

▲ 20世纪60年代,乌兰乌苏农业气象试验站气象工作人员工作现场

▲ 1983年，在乌鲁木齐市气象局地面气象观测场观测员在换自记纸

▲ 20世纪70年代，塔城气象站工作人员手工编气象电报

◀ 2011年1月25日克州阿克陶县气象局业务人员冬季到山区测量雪深

▲ 20世纪80年代，在塔城基准站进行塔城大型蒸发观测

▲ 20世纪70年代，塔城地面温度观测

▲ 20世纪80年代，塔城站观测降水

▲ 20世纪80年代，塔城最早的公社气象哨

▲ 塔什库尔干国家基准气象站业务改革前，主要为人工观测，2009年2月1日，业务值班人员不畏严寒在观测场中对百叶箱中各气象要素进行人工读数

▲ 1988年，在乌鲁木齐市气象局地面观测场，沙尼亚在观测辐射

▲ 1982年，刘宗华在乌鲁木齐市气象局地面观测场观测地温

▲ 1982年，乌鲁木齐市气象局业务人员在检查雨量自记桶

和田民丰县气象观测场中的地温表（摄于2010年）

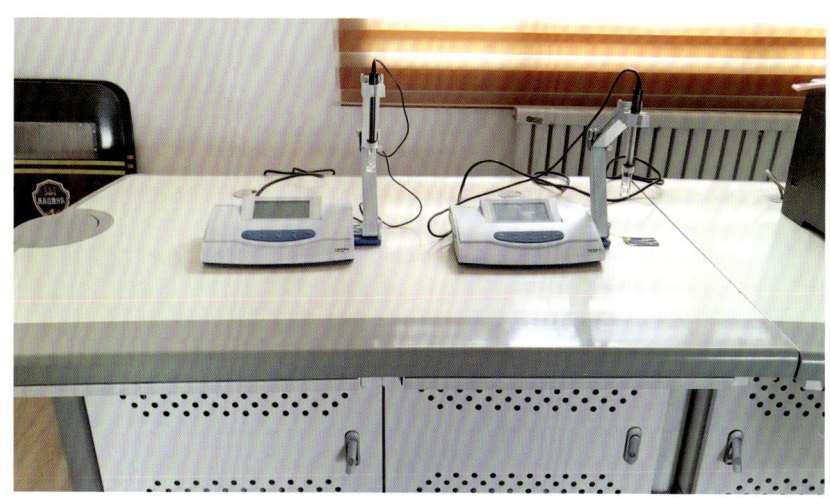

1992年开展酸雨观测，2019年开始酸雨自动观测，图为酸雨观测设备

▲ 2012年石河子气象局莫索湾气象站全景图

▲ 档案资料业务现代化——气象资料是国家珍贵的八大档案之一

◀ 2019年7月15日,喀什国家基准气候站中的日照计

2019年7月18日,和田策勒县气象局——全疆唯一保留的老观测楼 ▶

巴州焉耆气象局大院全景(摄于2019年) ▶

现代气象业务篇 **新疆**

▲ 若羌县国家基准站（摄于2019年）

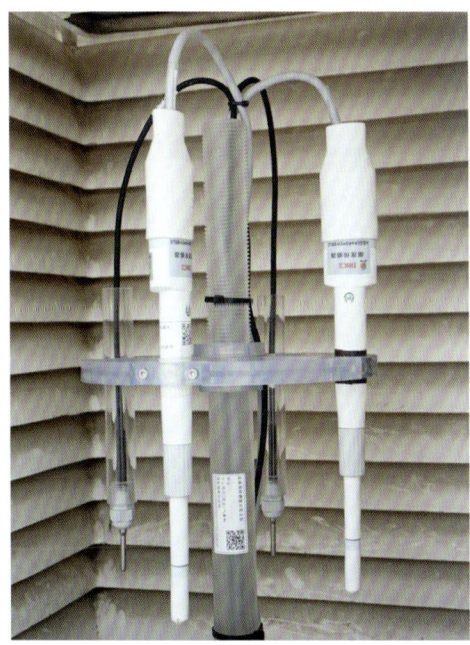

▲ 百叶箱内部设备（摄于2016年）

▲ 降水现象仪外形（摄于2016年）

▲ 塔城地区托里国家基本气象站观测场雪深仪外形（摄于2016年）

▲ 塔城地区托里国家基本气象站观测场蒸发百叶箱（摄于2016年）

▲ 新疆焉耆县气象局基准站（摄于2019年）

▲ 从2011年1月1日起，电线积冰观测正式启用26.8mm电缆

▲ 在吉尔吉斯斯坦Karabatkak冰川自动气象站的固态降水传感器（摄于2016年）

▲ 在吉尔吉斯斯坦Karabatkak冰川自动气象站的紫外辐射表（摄于2016年）

▼ 伊犁昭苏基准站日照计（摄于2018年）

▶ 大气成分观测

◀ 俯拍塔中观测沙尘暴板房（摄于2012年）

▲ 阿克达拉国家大气本底站温室气体瓶采样观测（摄于2010年4月2日）

▲ 巴州塔中气象站能见度标校，只能在天黑时进行测量（摄于2012年）

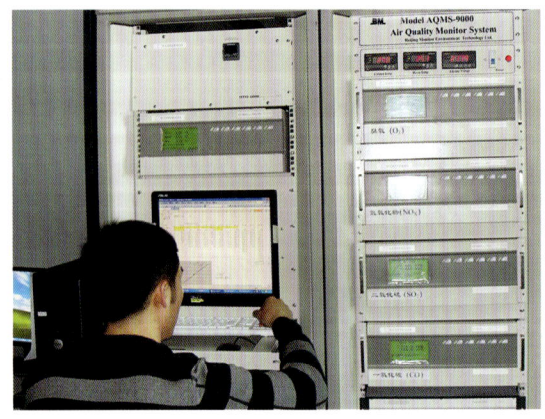

▲ 2010年4月21日，阿克达拉国家大气本底站，图为值班员在做反应性气体在线观测标校

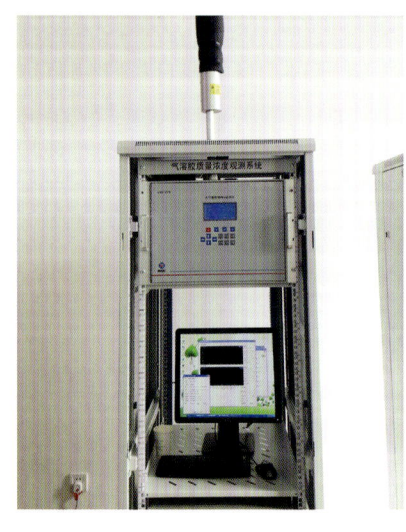

◀ 2015年2月，克拉玛依安装气溶胶质量浓度监测仪

▲ 2019年7月,"阿克达拉区域大气本底站"更名为"阿克达拉国家大气本底站"

▲ 阿克达拉国家大气本底站新业务楼(摄于2019年)

▲ 阿克达拉国家大气本底站采样塔(摄于2019年)

阿克达拉国家大气本底站大气成分观测室（摄于2019年）

阿克达拉国家大气本底站业务楼顶上面和伸出的采样管（摄于2019年）

▲ 2012年7月13日，乌鲁木齐风廓线雷达建成

▲ 吐尔尕特GPSMET水汽观测（摄于2012年）

空间天气观测

▲ 2013年9月22日,温泉县气象局太阳磁场望远镜投入业务运行

▲ 2016年,建成的塔什库尔干县太阳射电望远镜

▶ 博州温泉县太阳磁场望远镜机房设备(摄于2018年)

◀ 2019年7月13日,温泉县气象局空间天气观测业务学习

▶ 通信网络

新疆维吾尔自治区气象局至国家气象局的网络专线MPLS VPN链路和"省-地"移动专线带宽提升至100Mb，"地-县"移动专线链路带宽提升至10Mb，通过卫星通信传输方式为不具备常规通信条件的站点提供数据传输，改变过去发报方式，宝贵气象资料得以实时收集。实现区局至地州的中国电信和中国移动双链路负载均衡、冗余备份和实时流量可视化等功能，大幅提升气象信息通信传输能力，保障视频会商、会议的流畅，减少资源浪费。

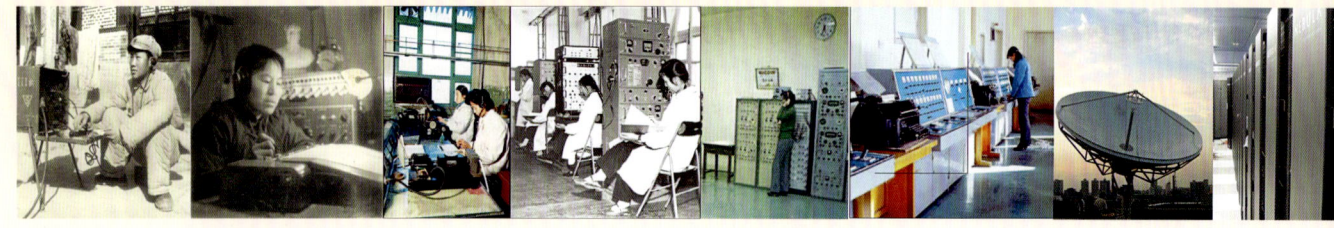

▲ 新中国成立以来气象通信系统发展

▲ 气象工作人员正在通过电台发报（1951年摄于西北通校）

▲ 1965年4月，新疆维吾尔自治区第二届运动会无线电收发报比赛乌鲁木齐代表队全体合影，其中第二排左1为新疆气象局陈泽秀同志，她在此次比赛中获得全能第三名

▲ 1962年，新疆气象局通信台电传组在向北京传递气象报告，张广珍（前）、钟汉英（中）

▲ 1964年，自治区气象局通信台参加乌鲁木齐地区无线电收发报锦标赛，获长码、短码收发报个人、集体冠军

新中国气象事业 70 周年

1979年,和田地区气象局引进第一台微机,努力调试后开始开发应用

1983年开始,和田地区气象业务逐步使用PC-1500型计算机

2009年,塔什库尔干塔吉克自治县气象局业务值班人员正在使用旧业务电脑和软件进行定时观测发报工作

现代气象业务篇 **新疆**

◂ 2016年，在吉尔吉斯斯坦Karabatkak冰川自动气象站的北斗卫星通信系统

▲ 2019年7月25日，面貌一新的吐鲁番气象局业务会商室投入使用

▶ 装备保障

随着地面观测自动化程度的不断提升，装备保障能力也随之提升，探索出新疆特有的"区-地-县三级保障模式"，区级建成国内一流省级装备计量检定中心，全疆国家级台站自动站检定实现了实验室检定全覆盖，地县级负责本区域的站点维护，提升了所有自动气象观测站数据可用率和业务可用性。

◀ 2019年5月22日，车辆无法通过，工作人员毛鹏翔（左）和闫坤等只有步行到大西沟气象站对气象仪器进行巡检

◀ 2019年5月22日，对大西沟气象站仪器进行巡检

▲ 2018年9月11日，克拉玛依维护交通气象观测站

▲ 2019年6月28日，业务人员在大西沟自动气象站进行仪器的更换

利用太阳能电站为北塔山PES卫星通信系统提供电力保障（摄于2005年）

2019年7月12日，克拉玛依市气象局工作人员对红山嘴自动站进行维护

2019年7月15日，喀什国家基准气候站工作人员维护辐射表

▲ 2019年,和田地区气象局业务人员维修能见度仪器

▲ 2012年民丰县气象局维修被沙子堵住的降水传感器

▲ 贾登峪区域站维护(摄于2011年)

基层台站建设

近年来，持续加大基层气象台站支持力度，基础设施不断完善，大力加强基层气象台站探测环境保护。基层工作条件进一步改善，一座座崭新的办公楼拔地而起，重建的办公用房现代化设施齐全，职工生活水平明显提高。基层气象台站工作条件的改善，带来的是工作领域的逐步拓宽及观测技术和水平的不断提高、基层公共气象服务能力的提高、服务效益的有效发挥、社会管理职能的扩大，以及为推动国家经济社会发展和保障人民安全福祉等发挥了重要作用，基层台站成为公共气象服务、综合气象观测和气象灾害预警的重要基础。

2015年以前博尔塔拉蒙古自治州气象局办公楼

博尔塔拉蒙古自治州气象局新貌（摄于2016年）

▲ 20世纪80年代初温泉县气象局办公楼面貌

▲ 温泉县气象局新貌全景（摄于2019年7月）

◀ 综改前和田地区气象局办公楼

▲ 和田地区气象局新办公楼（摄于2019年）

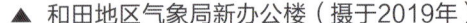
▲ 新建的和田地区气象局室内篮球场（摄于2019年7月）

◀ 塔城地区托里县气象局综改前业务用房（摄于2001年）

塔城地区托里县气象局综合改善后业务用房面貌（摄于2016年）▶

▲ 1995年的且末县气象局办公楼

▼ 且末县气象局新貌（摄于2019年7月18日）

▲ 20世纪60年代的若羌县气象服务站

▲ 20世纪80年代的若羌县气象局

◀ 若羌县国家基准站（摄于2019年）

▼ 若羌气象局工作场所全景（摄于2019年）

▲ 综改前英吉沙县气象局办公楼（摄于2015年）

▲ 综改后英吉沙县气象局办公楼（摄于2017年）

▲ 克孜勒苏柯尔克孜自治州气象局大院旧貌（摄于2007年）

▲ 综改后克孜勒苏柯尔克孜自治州气象局大院新颜（摄于2011年）

▲ 克拉玛依气象局旧办公楼（1993-2012年）

▲ 建成克拉玛依区气象局新办公楼（摄于2012年）

◀ 20世纪50年代建站初期的伊吾县气象站

▲ 伊吾县气象站新颜（摄于2009年）

20世纪80年代巴里坤县气象局办公楼面貌

▲ 巴里坤县气象局新颜（摄于2016年）

▲ 20世纪60年代红柳河气象站地面值班室

▲ 红柳河气象站地面值班室（摄于2019年）

▲ 2001年，温宿县气象局综改前防灾减灾楼面貌

▲ 温宿县气象局综改后防灾减灾楼面貌（摄于2015年）

柯坪县气象局旧气象楼于2008年年底建成，建筑面积600m²

2017年9月6日，柯坪县气象局全体职员正式搬入新楼，从此开始局站分离。新楼占地2.5亩，业务楼建筑面积2025.65m²

柯坪县气象局健身房（摄于2018年）

◀ 2008年综改前拜城县气象局面貌

▲ 综改后拜城县气象局办公楼面貌（摄于2016年3月）

▲ 20世纪80年代库车县气象局面貌

▲ 综改前2007年库车县气象局职工宿舍和食堂

◀ 库车县气象局新貌（摄于2015年）

▲ 库车县气象局院内鸟瞰图（摄于2015年）

▲ 20世纪90年代达坂城区气象局旧貌

▼ 达坂城区气象局新面貌（摄于2012年）

2011年，天池气象站新颜 ▶

◀ 新疆焉耆县气象局新业务大楼
（摄于2019年）

▼ 吐鲁番市气象局全景（摄于2019年）

气象科技创新篇

　　70年来，新疆气象科技发展日新月异，科技实力显著提升，为新疆气象事业现代化提供了重要支撑，特别是党的十八大以来，新疆气象局不断深化科技体制机制改革，持续增加科技研发投入，高度重视气象科技创新工作，全疆气象科技创新活力迸发，重要科技成果不断涌现，新疆气象科技的显示度、影响力明显提高，得到国内、国际同行的认可。

气象科技创新

▶ 重要气象专著

1963年出版的《新疆气候及其和农业的关系》，第一次分析了新疆的太阳辐射，研究影响深远，填补了多项空白。

《新疆大型天气过程若干问题的研究》成为新疆天气预报技术发展进入一个新的历史时期的重要里程碑，1978年获得全国科学大会优秀成果奖。

▲ 1963年出版的《新疆气候及其和农业的关系》专著

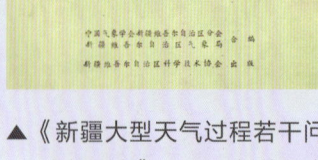

▲《新疆大型天气过程若干问题的研究》，1978年获得全国科学大会优秀成果奖

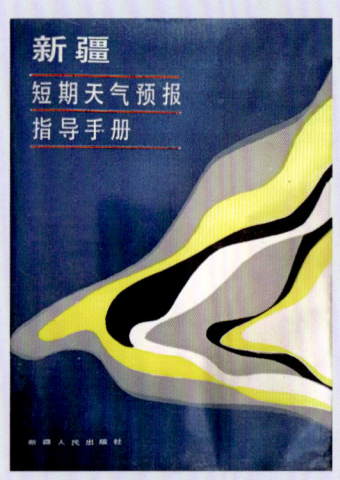

▲《新疆短期天气预报指导手册》

▶ 重点实验室建设

树木年轮理化研究实验室分别在2005年、2009年成为气象部门和自治区的重点实验室，主导的树木年轮水文学研究在国内、亚洲乃至世界处于最早和领先地位。1997年"新疆300—5000年水文、气候序列的重建与应用"项目获国家科技进步奖三等奖，成为全国树木年轮研究获国家级奖励唯一的奖项。2007年引进国内第一台DENDRO2003仪器，为系统分析国内领先水平。

树木年轮旧实验室 ▶

▲ 改造后的树木年轮理化研究实验室（摄于2018年）

▲ 2006年树轮研究专家李江风（右1）和袁玉江（左1）与外国学者合影

▲ 1999年老一辈树轮研究专家李江风（中）、袁玉江（右）、王承义（左）探讨学术问题

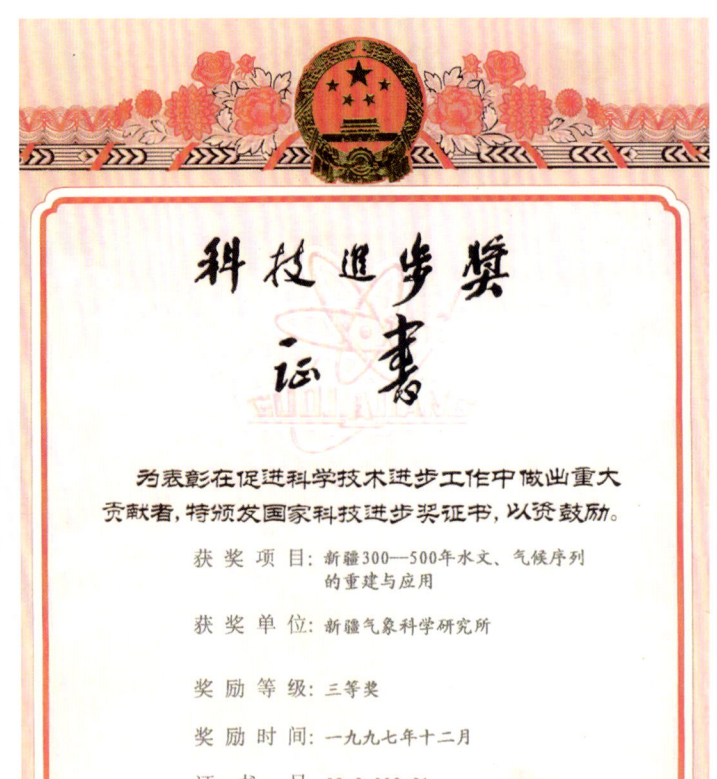

"新疆300—5000年水文、气候序列的重建与应用"项目获奖证书（1997年获国家科技进步奖三等奖）

2009年，新疆树木年轮生态实验室获新疆维吾尔自治区重点实验室授牌现场

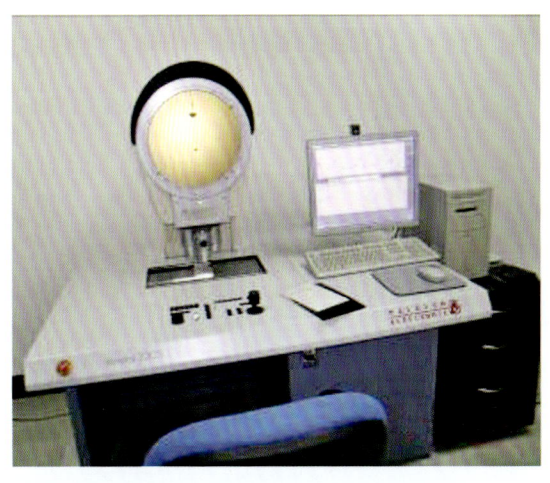
▲ 国内首台年轮密度分析仪（2006年拍摄）

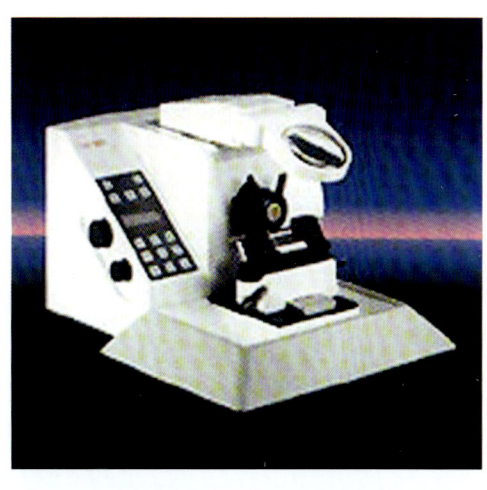
▲ 树轮细胞特征分析仪器设备(德国)

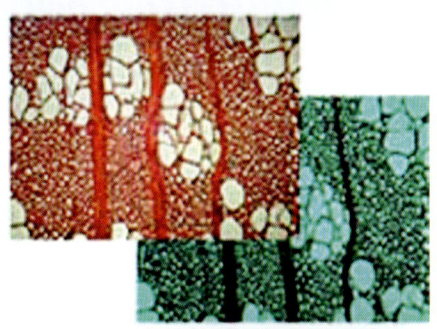

▲ 树木细胞分析图

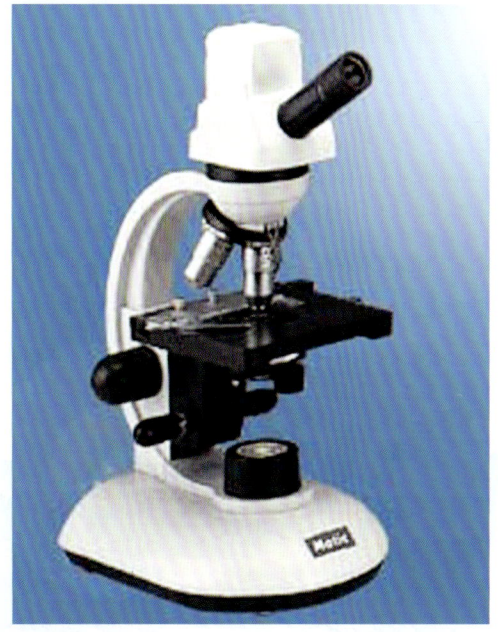
▲ 树木年轮分析仪器

▲ 树木年轮标本

▶ 重大气象科技成果

"北方层状云人工降水试验研究"项目是20世纪80年代新疆维吾尔自治区人工影响天气办公室作为主要参加单位完成的国家重点科研课题，1992年获中国气象局科技进步奖一等奖，1993年获国家科技进步奖二等奖。该项研究建立了一个包括飞机、雷达、卫星、探空等多种监测手段和云物理数值模式的完整的研究体系，取得了系列成果。获取了大量云微物理结构的资料。建立了云系的多尺度概念模型，分析了不同尺度间的相互作用特点。建立了层状云数值模式，模拟了层状云的自然降水微物理过程特点。对效果检验进行了模拟试验，提出了移动目标区的效果检验方案和多区历史回归检验方案等。为人工降水作业条件选择及其实时监测、作业设计提供了多项物理依据。该项研究的某些成果已应用于指导一些地区的人工降水外场作业，对我国人工影响天气工作的深入开展起到了积极的推动作用。

2000年至今共有27项科技成果获得省部级以上科技奖励，主持完成的"天山山区人工增雨雪关键技术研发与应用"课题，研制出集云水探测、决策指挥、催化播撒等功能于一体的智能化无人机增雨作业系统，填补了该领域国内外空白，达到国际领先水平，2017年获自治区科技进步奖一等奖。

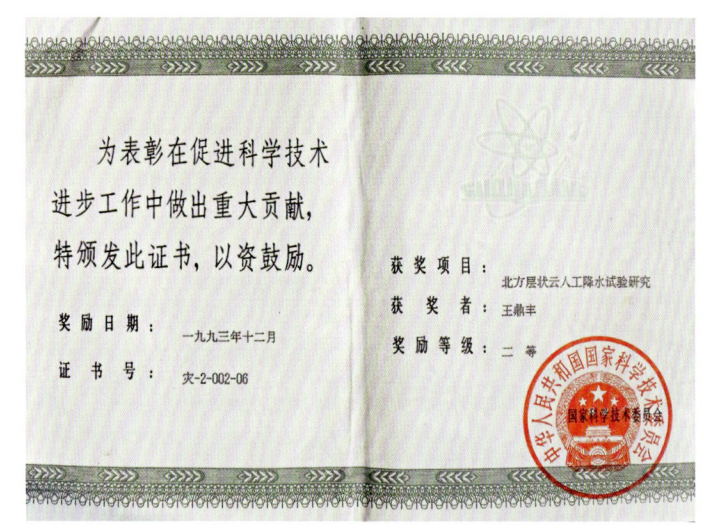

▲ 1993年国家科技进步奖二等奖：北方层状云人工降水试验研究

系留飞艇探空系统　　雨滴谱仪　　固定方舱多普勒天气雷达

自动气象站　　微波辐射计

移动天气雷达　　移动风廓线雷达　　探空火箭

GPS/MET水气探测仪　　GPS水气探测仪

▲ 2017年"天山山区人工增雨雪关键技术研发与应用"项目荣获自治区科技进步奖一等奖

▲ 2017年自治区科技进步一等奖："天山山区人工增雨雪关键技术研发与应用"项目的天山云水资源综合观测设备

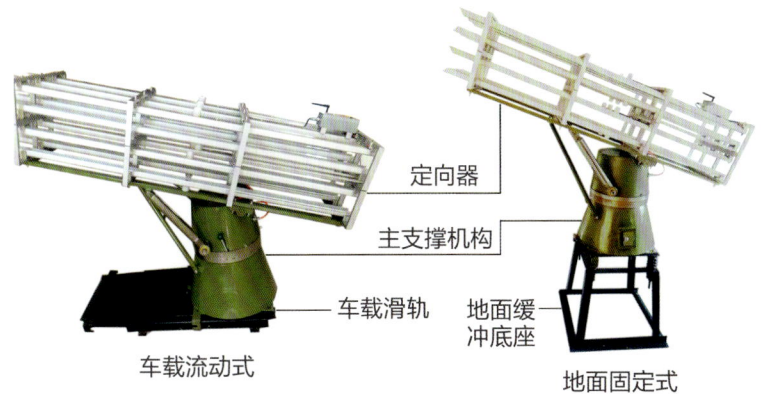

◀ 2017年自治区科技进步一等奖:"天山山区人工增雨雪关键技术研发与应用"项目的车载流动、地面固定山区作业多种弹型增雨防雹火箭发射装置

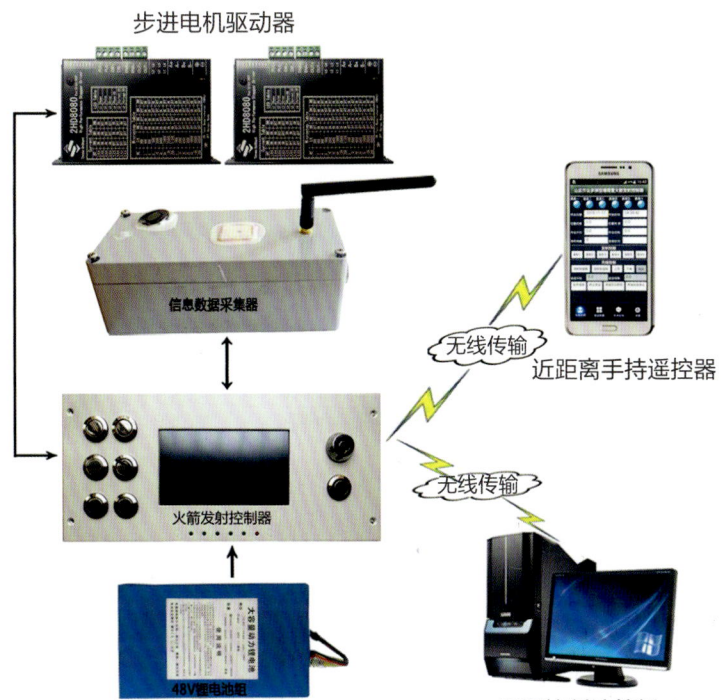

◀ 2017年自治区科技进步一等奖:"天山山区人工增雨雪关键技术研发与应用"项目的近、远程自动控制系统

▲ 2017年自治区科技进步一等奖:"天山山区人工增雨雪关键技术研发与应用"项目的车载流动和地面固定发射四种人工增雨防雹火箭弹

主持完成的"新疆气候变化及短期气候预测研究"项目提出了现代气候观新概念，对干旱区域气候变化进行了深入研究；"新疆北部致灾暴雪成因分析和预报技术研究"项目首次建立了新疆暖区暴雪的三维天气模型，使暴雪预报准确率在原有基础上提高了15%，成果水平均达到国际先进水平。这两个项目分别荣获2002年、2018年自治区科学技术进步奖二等奖。

新疆维吾尔自治区气象局自主研发，全国气象部门第一个获得的"多种弹型防雹火箭发射装置"专利，在全疆人影作业中列装，提高了人影作业效率，社会效益显著，荣获2006年自治区科学技术进步奖二等奖。

▲ 项目成果出版专著《新疆气候变化及短期气候预测研究》

▲ 多种弹型防雹火箭发射装置外场试验

▲ 多种弹型防雹火箭发射装置研发

▲ "多种弹型防雹增水火箭发射装置"荣获 2006 年自治区科技进步奖二等奖

▲ 实用新型专利证书：卸装式人工防雹增雨火箭弹存放架

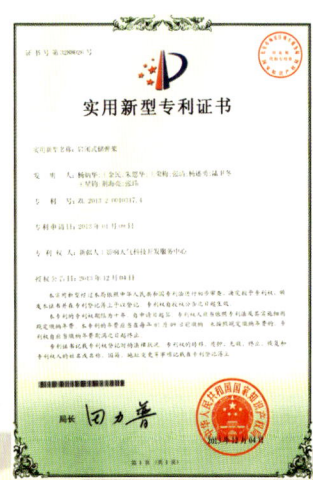

▲ 实用新型专利证书：启闭式储弹架

▲ 2007年自治区科技进步奖二等奖：飞机人工增雪信息空地传输系统的研制及应用

2018年塔克拉玛干沙漠气象野外科学试验基地获批中国气象局首批野外科学试验基地。同年"CWHF高频新型全自动集沙仪的风动性能测试及野外验证"获WMO（世界气象组织）第七届维拉·维萨拉博士教授仪器和观测方法开发和实施奖。

▲ "CWHF 高频新型全自动集沙仪的风动性能测试及野外验证"项目获 WMO 第七届维拉·维萨拉博士教授仪器和观测方法开发和实施奖

▲ 发明专利：基于风廓线雷达的沙尘质量浓度定量反演估算方法（王敏仲等）

◀ 集沙仪

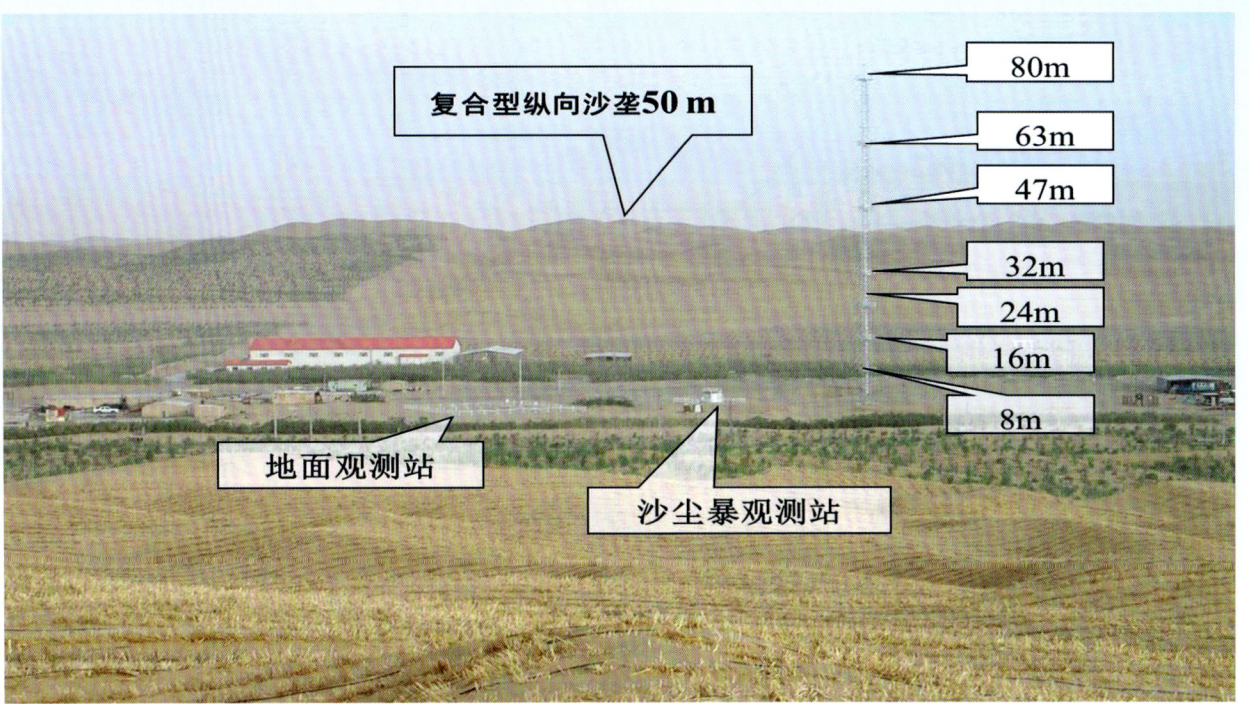

▲ 塔克拉玛干沙漠大气环境观测试验站探测系统

截至2019年，新疆自治区气象局共有四项技术获得发明专利，四十余项技术获得实用新型专利，近百项成果获得计算机软件权登记证书。

新疆自治区气象局分别在2007年、2011年被自治区党委、政府评为"科技兴行业"先进厅局。

科技人才培养

新中国成立之初，全疆气象部门仅有10余人。1987年发展到3448人，截至2018年底，全疆气象部门在编职工2489人。本科及以上学历学位人员比例由2015年的60.4%，提高到2019年底的70.5%，中高级职称比例由2015年的58.2%上升到2019年的63.6%。人才队伍数量和整体素质得到大幅提升。2019年，职工队伍中大学本科以上人员比例达到69%，气象正高级工程师（研究员）38人，3人获得专业技术二级岗位任职资格。高级专业技术人员的比例上升到17.8%。

青年骨干成长迅速，1人入选国家"万人计划"，1人入选中国气象局"科技领军人才"，4人入选中国气象局青年英才，2人入选中国气象局西部优秀青年，31人入选自治区人才工程、1人获世界气象组织的维拉·维萨拉博士教授仪器和观测方法开发和实施奖。

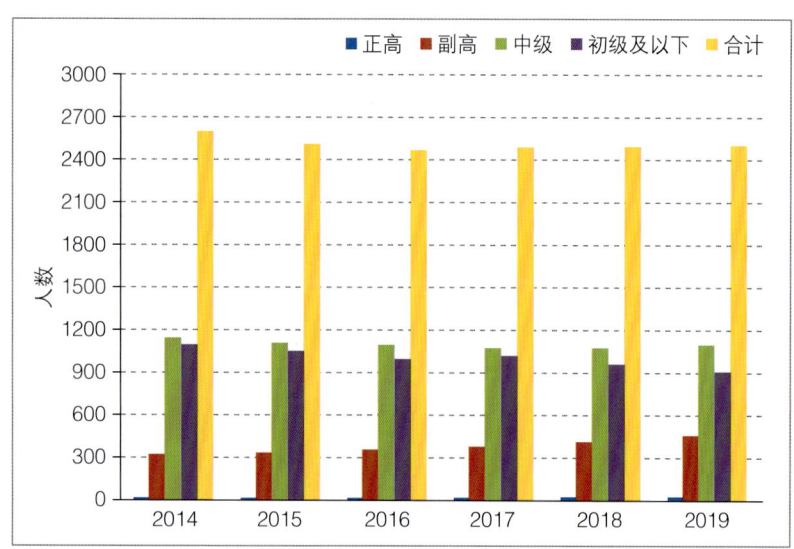

▲ 近6年各类职称人数

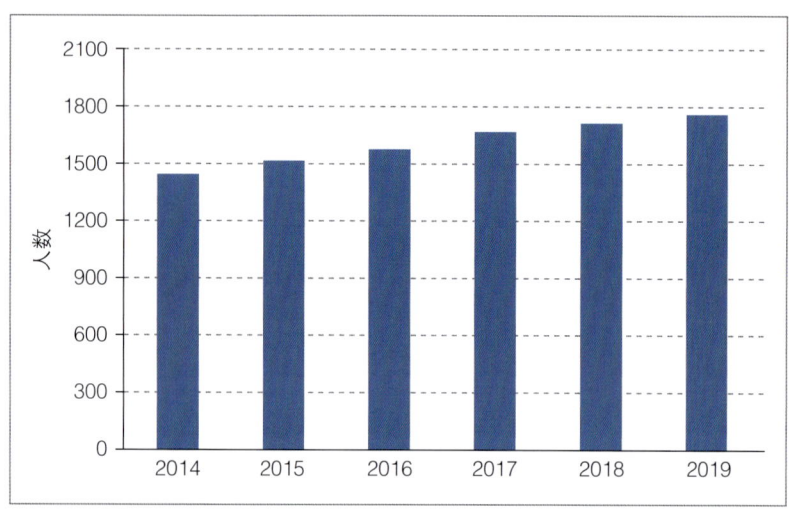

▲ 近6年本科及以上学历人数

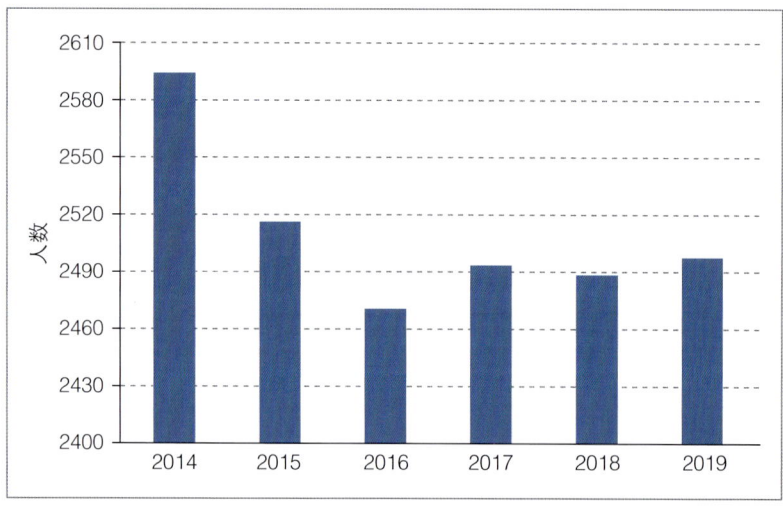

▲ 近6年职工人数

气象科普宣传

以世界气象日、科技活动周、百会万人下基层、全国科普日为契机,举办科普讲座、科普进校园、进社区、进企业、进农村,开放科普教育基地,建设校园气象站,组织"民族团结一家亲"青少年气象夏令营,积极开展多种形式的特色科普宣传活动。

◀ 2008 年 3 月 23 日世界气象日

2010 年 5 月 21 日科技周气象 ▶
科普进社区活动——科普进社区

◀ 2011 年 5 月 21 日科技周气象科普活动——科普进学校

▲ 2014年博尔塔拉蒙古自治州温泉县气象局气象预警符号墙

2019年7月13日，学生参观温泉县气象局科普广场、科普馆和太阳磁场望远镜

气象科普活动进校园 ▶
——呼场小学

▲ 2017年民族团结一家亲气象夏令营——不到长城非好汉

▲ 2018年民族团结一家亲气象夏令营——参观江苏科技馆

▲ 2019年第三届民族团结一家亲青少年气象夏令营

气象管理体系篇

改革开放后的40多年里，新疆气象部门始终坚持党对气象事业的绝对领导，致力于开展制度建设、人才培养、技术研发、业务创新等。以政治建设为统领，促进党建、业务深度融合。打造了一支忠诚干净担当、以大气科学为主，电子、通信、遥感、农林、环境、生态、经济、管理等多专业有机融合的高素质专业化人才队伍。

1954-2018年新疆气象局主要负责人

苏占澍
（1952年6月至1954年11月任科长、1954年11月至1966年5月任局长、1973年9月至1983年6月任局长）

赵学进
（1970年12月至1973年9月任局长）

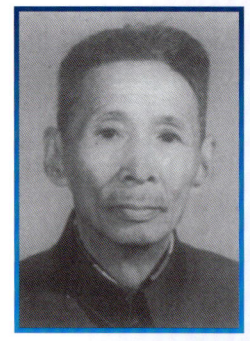

王邦玉
（1979年2月至1983年6月任党组书记）

王为德
（1983年6月至1988年10月任党组书记、局长）

张家宝
（1988年10月至1997年12月任党组书记、局长）

徐羹慧
（1997年12月至2002年12月任党组书记、局长）

史玉光
（2002年12月至2011年1月任党组书记、局长）

杜继稳
（2011年4月至2013年5月任党组书记、2013年5月至2014年6月任党组书记、局长）

张 杰
（2011年4月至2013年5月任党组副书记、局长）

张守保
（2014年6月至2019年1月任党组书记、局长）

注：1949年9月底中国人民解放军西北军区接管迪化气象台，1952年夏中国人民解放军新疆军区司令部气象科成立，1954年1月气象部门由军队建制转为地方政府建制，新疆省成立了气象科，1954年11月升格为气象局。1955年10月1日新疆维吾尔自治区成立，新疆省气象局改为新疆维吾尔自治区气象局。

党建工作

截至2019年底,新疆气象部门有区级直属机关党委1个、地级直属机关工委2个、区局直属单位基层党委2个、党总支18个、党支部163个,党员1976名,在职党员1249人。

近年来开展保持共产党员先进性教育、学习实践科学发展观活动、党的群众路线教育实践、"三严三实"专题教育、"两学一做"学习教育、"不忘初心、牢记使命"主题教育等,推动了各级党组织的思想、组织、制度、作风和反腐倡廉建设。

▲ 新疆气象局机关标准化体系建设

▲ 2006年3月时任新疆气象局党组书记、局长史玉光(右)与新疆维吾尔自治区副主席钱智(左)签订自治区农口党风廉政责任书

▲ 2006年6月27日新疆气象局"七一"表彰大会

2006年9月4日，新疆气象局对参加自治区第七次党代会代表进行资格审查

2006年10月13日，党支部书记培训班

2007年7月2日，新疆气象局党建工作被自治区授予"党建先进单位"

2009年3月26日，团委开展"祖国在我心中"知识竞赛

2012年1月19日，慰问困难党员

2017年，全疆气象部门开展"亮剑"签名活动

◀ 2019年6月,新疆气象局组织处以上干部参加"不忘初心、牢记使命"主题教育在井冈山的培训

◀ 2019年新疆气象局开展"不忘初心、牢记使命"主题教育实践活动,参观烈士陵园

▲ 2019年新疆气象局开展"不忘初心、牢记使命"主题教育实践活动,向革命先烈敬献花圈

法制建设

坚持运用法治思维和法治方式，将气象业务、服务和管理等各项工作纳入法治化轨道。加强地方立法和标准体系建设，夯实气象法制基础。落实"谁执法谁普法"普法责任制，开展宪法法律宣传活动，提升干部职工宪法意识，增强社会公众对气象法律法规规章的理解和认知。深入开展行政审批制度改革和防雷体制改革，不断推进政府职能转变。严格执行行政执法主体资格和证件管理制度，培养区、地、县三级气象执法、监督队伍，坚持公正执法、廉洁执法、文明执法。

2012年9月10日，召开新疆气象标准化技术委员会第五次全体委员会议暨地方标准审查会

2012年10月，举办全疆气象行政执法业务培训班

2013年6月，召开全疆防雷综合治理推进会

2015年10月30日，新疆气象标准化技术委员会第六次全体委员会议暨地方标准审查会

2018年11月，阿克苏气象局在油田系统开展防雷相关法律法规宣传

▲ 2018年12月27日，新版行政执法证及监督证发证仪式

◀ 2018年12月，伊犁州气象局联合友邻单位干部职工开展宪法日签名活动

新疆已出台的气象地方性法规及政府规章

地方性法规	《新疆维吾尔自治区气象条例》	1995年（自治区八届人大常委会第十五次会议通过）
	《乌鲁木齐市防雷减灾管理条例》	2011年（乌鲁木齐市第十四届人大常委会第三十一次会议通过）
	《克拉玛依市大风灾害防御条例》	2018年（克拉玛依市第十四届人大常委会第十六次会议通过，自治区第十三届人大常委会第六次会议批准）
地方政府规章	《新疆维吾尔自治区气象探测环境和设施保护规定》	1996年（自治区人民政府令第65号）
	《新疆维吾尔自治区气象灾害预警信号发布与传播办法》	2007年（自治区人民政府令第149号）
	《新疆维吾尔自治区雷电灾害防御办法》	2011年（自治区人民政府令第169号）
	《乌鲁木齐市气象灾害防御办法》	2011年（乌鲁木齐市人民政府令第111号）
	《新疆维吾尔自治区实施＜人工影响天气管理条例＞办法》	2013年（自治区人民政府令第185号）
	《新疆维吾尔自治区实施＜气象灾害防御条例＞办法》	2013年（自治区人民政府令第186号）
	《新疆维吾尔自治区大风暴雨暴雪天气灾害防御办法》	2018年（自治区人民政府令第208号）

▲ 新疆已出台的气象地方性法规及政府规章

开放与合作篇

新疆气象局发挥区位优势,聚焦中亚大气科学研究,"一带一路"气象保障能力明显提升。成功举办5届中亚气象科技国际研讨会,推动中亚区域大气科学及气象防灾减灾技术研究。成立中亚预报中心,实时发布丝绸之路180个城市天气预报,实时发布丝绸之路沿线重要城市天气预报服务产品。持续推动瓜达尔港气象保障服务中心建设,为中巴经济走廊和瓜达尔港口、海洋提供气象保障服务。

▶ 广泛的合作交流

新疆维吾尔自治区气象局发挥区位优势，聚焦中亚大气科学研究，"一带一路"气象保障能力明显提升。编制《中亚五国和巴基斯坦观测站网援建方案》，联合吉尔吉斯斯坦、哈萨克斯坦等建立自动气象站并实现信息共享。推动成立中亚大气科学研究中心、中亚预报中心，实时发布丝绸之路沿线重要城市预报服务产品。持续推动瓜达尔港气象保障服务中心建设，为中巴经济走廊和瓜达尔港口、海洋提供气象保障服务。联合中亚国家开展树木年轮、冰川遥感领域的考察研究。

◀ 2003年2月，魏文寿研究员（前排右2）在日本防灾科学技术研究所新庄支所进行合作交流

▲ 2004年6月，新疆人影科技人员赴俄罗斯参观学习人影防雹技术

2005年4月5日,泰国公主诗琳通殿下(中)来到新疆气象局访问

2005年10月,哈萨克斯坦水文气象代表团来新疆气象局开展科技合作交流

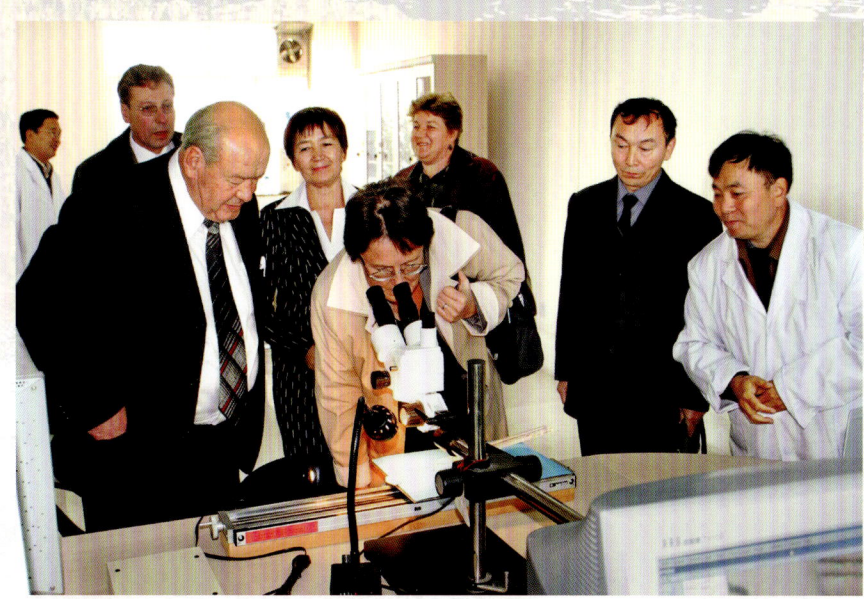

2005年12月7日,新疆气象专家与俄罗斯气象专家交流

2007年9月,铁路大风监测信息系统工程引起法国美迪顺风公司极大的兴趣,双方探讨合作事宜

2010年9月16日,哈萨克斯坦阿拉木图水文气象代表团来访

2012年11月,新疆沙漠气象研究所科研人员与吉尔吉斯斯坦水能所科研人员合影

◀ 2016年1月10日,哈萨克斯坦农业部林业研究所专家来访,双方签署合作意向

◀ 2017年4月26日,蒙古国家气象与环境监测局与中国气象局乌鲁木齐区域气象中心(新疆气象局)专家座谈

▲ 2017年在巴基斯坦瓜达尔建站

▲ 2017年在巴基斯坦瓜达尔建站揭幕

▲ 2019年9月13日,吉尔吉斯斯坦水文气象局局长贝基洛夫·阿卜迪沙利普(左3)到访新疆气象局,在沙漠所树木年轮室参观

▲ 2018年11月5日,两位瑞士学者参观树木年轮理化研究重点开放实验室

▶ 中亚气象科技国际研讨会

成功举办五届中亚气象科技国际研讨会，推动中亚区域大气科学及气象防灾减灾技术研究。签署了《中亚气象防灾减灾及应对气候变化乌鲁木齐倡议》，打造互利共赢气象服务共同体。

▶ 2015年10月14日，出席首届中亚气象科技研讨会的会议代表合影（乌鲁木齐）

▼ 2016年9月28日，第二届中亚气象科技国际研讨会在北京召开

▲ 2017年10月25日，第三届中亚气象科技国际研讨会在南京举行

▲ 2018年9月25日，第四届中亚气象科技国际研讨会在北京举行

▲ 2019年10月15日，第五届中亚气象科技国际研讨会在南京信息工程大学召开

气象精神文明建设篇

新疆气象部门始终保持着优良的作风，98%的单位建成文明单位，取得全国精神文明先进单位、全国百站争优创新奖、全国模范职工之家、全国创建文明示范点、国家级青年文明号、巾帼文明岗、自治区党建工作先进单位等多个荣誉。大力推进气象文化建设，凝练了"励志风云勇开拓，服务兴疆创一流"的新疆气象人精神，创作了《新疆气象人之歌》，打造了新疆气象文化品牌，建设了气象文化场所。

建设气象文明

▲ 2005年,石河子气象局获新疆气象部门首个"全国文明单位"称号

▲ 2005年4月18日,拍摄新疆气象宣传片《那仁古》

2005年12月，新疆维吾尔自治区气象局参加"冬衣暖人心"慈善活动

2006年9月11日，新疆气象局老红军王邦玉给中学生做报告

2006年9月，新疆维吾尔自治区气象局工会干部培训班合影

2006年9月17日,广东湛江、顺德气象局对克孜勒苏柯尔克孜自治州气象局进行文明对口支援捐赠仪式

2007年7月6日,自治区气象局副局长魏文寿(右1)向乌鲁木齐市八中学生赠送防雷科普光盘和挂图

2007年11月13日,新疆维吾尔自治区气象局"送温暖、爱心一日捐款"活动

2008年5月19日,新疆维吾尔自治区气象局广大职工向汶川地震捐款

2008年8月5日,新疆维吾尔自治区气象局举办文明礼仪知识竞赛

2010年7月21日,新疆气象部门第三届气象人精神演讲比赛现场

2011年1月28日春节前夕,新疆维吾尔自治区气象局领导一行为劳模送温暖

2011年9月10日,全国气象行业工会工作经验交流会在新疆举办

2017年,新疆维吾尔自治区气象局开展"点赞新疆气象人"宣讲活动

◀ 2019年，巴州焉耆气象局台站史陈列馆

◀ 2012年8月10日，新疆维吾尔自治区气象局宣传栏

2019年，阿克苏地区温宿县气象局工作文化宣传氛围 ▶

文艺活动

▲ 2006年6月，自治区气象局参加自治区"纪念中国共产党成立八十五周年"歌咏比赛

◀ 2006年12月，自治区气象局参加在中国气象局举办的文艺演出

◀ 2011年7月1日，自治区气象局歌咏比赛

2012年3月7日,自治区气象局"三八"节文艺演出

2019年2月,自治区气象局新年茶话会上的演出

▼ 2019年自治区气象局"端午节""肉孜节"联谊会

体育活动

▲ 2003年8月19日，全疆气象系统篮球比赛

2005年10月，自治区气象局在北京参加第一届气象行业运动会 ▶

2006年4月，自治区气象局在北京参加"双汇杯"全国气象行业乒乓球比赛 ▶

2006年9月1日成立了新疆气象局职工"蓝天健游"俱乐部，含自行车、跑步、徒步等项目，由局工会进行管理

2006年8月，自治区气象局组队参加新疆维吾尔自治区第十一届运动会

2008年5月8日，自治区气象局参加自治区直属机关工委举办的围棋比赛

◀ 2008年5月9日，自治区气象局参加自治区直属机关工委举办的象棋比赛

2010年4月27日，▶
自治区气象局参加自治区直属机关第十一届"公仆杯"乒乓球比赛

◀ 2010年8月6日，自治区气象局参加自治区第八届职工运动会徒步比赛

◀ 2010年8月14日,参加自治区趣味运动比赛(勇夺红旗)的自治区气象局代表队

◀ 2011年10月29日,全国气象行业第三届职工运动会开幕式上,新疆气象局代表队入场

▼ 2019年自治区气象局开展第九套广播体操比赛

▲ 2019年自治区气象局第十届"民族团结一家亲"职工趣味运动会开幕式

▲ 2019年自治区气象局"民族团结一家亲"职工趣味运动会"吸管运输"项目比赛现场

▲ 2019年自治区气象局"民族团结一家亲"职工趣味运动会"齐心协力"项目比赛现场

▲ 2019年自治区气象局"民族团结一家亲"职工趣味运动会跳绳项目比赛现场

▲ 2019年自治区气象局双节联谊会包粽子比赛

◀ 新疆巴音郭楞蒙古自治州气象局大院文化体育活动场所

◀ 新疆巴音郭楞蒙古自治州气象局大院内修建的篮球场

对口援疆篇

自2010年10月中国气象局召开第一次全国气象部门新疆工作会议以来,来自7个国家级气象业务科研单位,23个东部和中部地区的省(区、市)气象局、计划单列市气象局以及2个中国气象局直属企业与全疆15个地(州、市)气象局所属的99个受援县局(站)和直属单位实现整体对接。136名援疆干部先后来疆开展工作。他们认真践行"在维护和谐稳定上作先锋、在保障改善民生上作表率、在促进民族团结上作典范、在推动新疆更好更快发展上作桥梁"的要求,把新疆当作第二故乡,做出了突出的贡献。

2011年7月11日，河南省气象局援疆仪器仪式

2011年8月，由湖北省气象局局长崔讲学（右1）等一行9人组成的湖北省气象部门援博工作调研考察组到博州气象局调研指导工作

2012年8月23日，石河子炮台气象站与大连金州新区气象局签订对口援建协议

2011年8月,安徽省气象局领导在和田地区气象局调研

2012年9月,北京市气象局与和田气象局交流对口交流事宜

2012年9月,天津市气象局来和田气象局检查指导工作

2013年12月23日,博州气象局召开欢送援疆干部座谈会

2014年9月22日,伊犁州气象局宣布江苏省援疆干部顾永顺(站立者)的任命现场

▲ 2014年10月,辽宁省气象局局长王江山(前排右2)于塔城调研援疆气象工作

2014年,喀什援疆领导张兴强(左3)带队赴山东对接援疆工作

2015年4月28日,新疆气象部门北疆援疆工作交流会在塔城市召开

2015年5月20日,援疆单位前往克拉玛依区气象局调研

◀ 2015年9月,江西省气象局副局长吴万友(前排中)在克州气象局文化广场与职工合影

▲ 2015年11月,克州阿合奇气象局赴江苏无锡气象局签订对口帮扶协议

2015年,石河子预报员认真倾听援疆干部黄振(右1)讲课 ▶

2015年12月,广东省江门市气象局到乌鲁木齐市气象局牧试站调研援疆工作

2016年3月7日,吐鲁番市气象局召开赴湘挂职干部会议

2016年4月19日,湖南永州市气象局和吐鲁番农业气象试验站签订协议

◀ 2016年5月,江苏省气象局到伊犁气象局开展援疆调研

2016年,喀什气象局局长储长江(左2)带队赴上海对接援疆工作 ▶

◀ 2016年9月9日,黑龙江省气象局副局长那济海(左2)一行赴哈巴河县气象局调研

◀ 2016年9月10日，鄯善县气象局与湖南娄底气象局对口援建签字仪式

◀ 2016年9月，吉林通化市气象局一行到吉木乃县气象部门开展援疆交流工作

2017年5月，浙江 ▶
嘉兴市气象局援疆支援沙雅县气象局

2017年6月4日,河北省气象局局长张晶(左3)一行来巴州气象局实地考察援疆工作,参观气象演播室

2017年9月21日,厦门市气象局和昌吉州气象局举办援疆工作座谈会

2018年,河南漯河市气象局和喀什气象局代表签约

2018年，喀什市气象局代表赴广东省气象局对接援疆工作

2018年，喀什市气象局代表赴深圳进行对口交流

2018年9月26日，浙江省金华市气象局代表来阿克苏市气象局调研

2018年10月8日,
宁波市鄞州区气象局
援疆

2018年10月11日,
自治区气象台援疆干
部介绍与国家强天气
预报中心合作项目

2018年12月20日,
邀请江苏省无锡市气
象局专家进行预警平
台建设授课

◀ 2019年4月18日,乌鲁木齐市气象局代表到广东省肇庆市高要区气象局交流援疆工作

◀ 2019年5月20日,中国华云公司讲师为巴州气象局人员授课

◀ 2019年6月25日,昌吉州气象局局长郭万里(左3)到福建进行对口援疆交流,与福建省气象局副局长冯玲(右3)等座谈

2019年，昌吉州气象局代表向山西省气象局赠送锦旗

2019年7月，天津市气象局与巴州气象局联办"爱国励志 健康成长"爱心夏令营活动，带贫困地区孩子们在天安门参观升旗仪式

2019年8月，河南省气象探测数据中心高工范保松（左1）来援疆授课

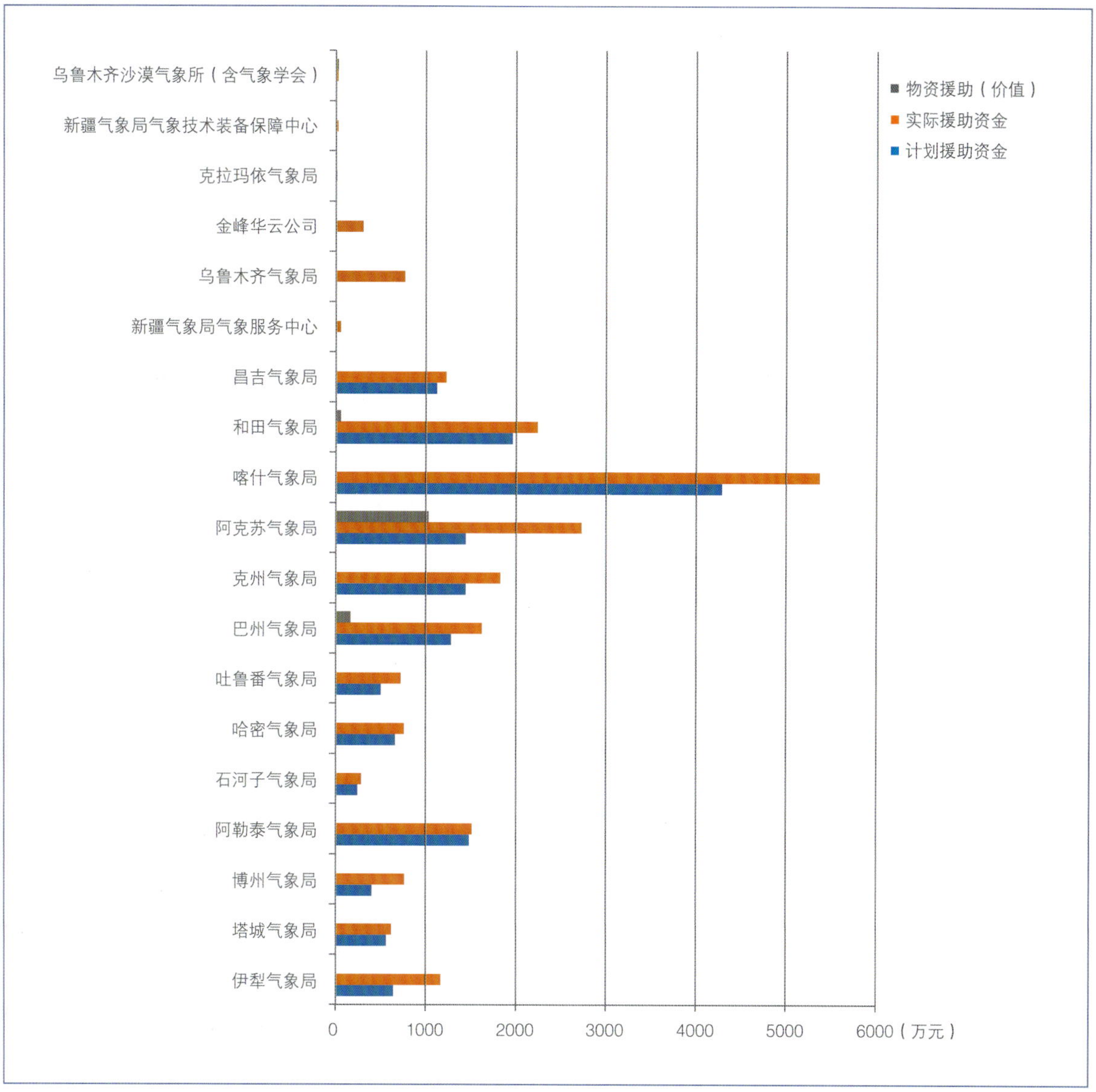

▲ 2011—2018年新疆气象部门援疆资金收入情况

民族团结一家亲篇

"访惠聚"：2014年以来，新疆气象部门坚决贯彻自治区党委关于"访民情、惠民生、聚民心"工作部署，按照"队员当代表、单位做后盾、一把手负总责"的要求，派出21个工作队，并参与85个混合工作队，累计1325人次，在106个村认真落实各项任务。气象部门"访惠聚"工作受到各级党政部门的认可和肯定，获自治区"访惠聚"驻村工作优秀组织单位，4个工作队获自治区"访惠聚"先进工作队，21人获得自治区"访惠聚"先进个人。

民族团结一家亲：全疆2500多名气象干部职工与3373户各民族家庭结为"亲戚"，每两个月相互走访一次，同吃、同住、同劳动、同学习，送法律、送政策、送文明、送温暖。帮助群众解决教育、医疗、养老、就业、基础设施项目等方方面面的问题。连续成功举办三期"村里孩子看世界"夏令营活动。

▲ 2018年1月15日，伊犁霍城县清水河镇阳光社区，举行庄严的升国旗仪式

▲ 2018年2月4日，巴格托拉克村村民向"访惠聚"驻村工作队送锦旗

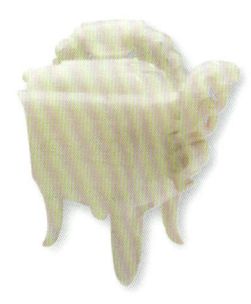

◀ 2018年5月24日，哈密市气象局与西莱园村亲戚开展"民族团结一家亲"结亲大会，与亲戚同吃饭

◀ 2018年7月5日，伊犁"访惠聚"工作队干部和社区干部为困难农户采摘红花

2018年12月10日，伊犁州气象局与霍城县清水河镇领导一起为小学生发放壹基金温暖包

2019年2月16日，哈密市气象局组织结亲干部与亲戚开展"我带亲戚游哈密"活动

2019年5月9日，阿克苏地区气象局在阿克苏温宿县佳木镇一中开展"提高灾害防治能力 构筑生命安全防线"科普宣传

2019年6月8日,"访惠聚"驻村工作队员进地实测土壤墒情和作物长势

2019年6月8日,"访惠聚"驻村工作队员实地指导村民棉花种植技术

▲ 和田地区气象局2018年元旦民族团结一家亲联谊活动

◀ 2018年7月23日,克州气象局"访惠聚"驻村工作队组织金秋助学捐款活动

▼ 阿勒泰地区气象局在2018年国庆节之际,驻拉斯特乡"访惠聚"驻村工作队与村民开展国庆活动

▲ 2019年9月20日，乌鲁木齐市气象局驻达坂城区"访惠聚"工作队帮助亲戚收果子，图为表达丰收时的喜悦心情

▲ 2019年9月23日，喀什莎车县气象局"访惠聚"驻村工作队在莎车县阿扎特巴格镇塔尕尔其吾斯塘村开展脱贫攻坚工作

▲ 2019年9月20日，巴州且末县阿热勒乡古再勒村丰收了，村民与驻村第一书记、巴州气象局党组成员杜军剑（右1）合影

▲ 2019年2月全家福，阿克苏地区气象局在新疆阿克苏温宿县佳木镇兰干村与村民联欢

▲ 2018年7月9日，塔城"访惠聚"驻村工作队组织村民到村委会进行体检

▲ 2017年4月11日，塔城预报人员正在用双语为莫音塔勒村"四老"人员讲解天气预报制作

▲ 2019年3月6日，新疆气象局党组副书记赵明（左3）、纪检组长杨涛（左2）一行与伽师县克孜勒苏乡勒格勒德玛村"访惠聚"驻村工作队慰问座谈

▲ 2017年5月23日，新疆气象局在喀什伽师县组织"民族团结一家亲"联谊活动

▲ 2019年9月20日，新疆气象局副局长谢国辉（站立者左2）参加伽师县克孜勒苏乡勒格勒德玛村"不忘初心、牢记使命"主题教育活动动员大会

▲ 2019年新疆气象局驻伽师县各村工作队（二排中为总领队崔彩霞）在约勒其村举办迎新春联谊活动

▲ 2018年5月22日，新疆气象局驻伽师县各工作队开展民族团结一家亲排球比赛，约勒其村获得第二名

一份感人至深的感谢信

艾热怕提·艾克力由于家中困难，想要退学，经过工作队的劝导，决定继续上学。工作队解决了他家里的困难。

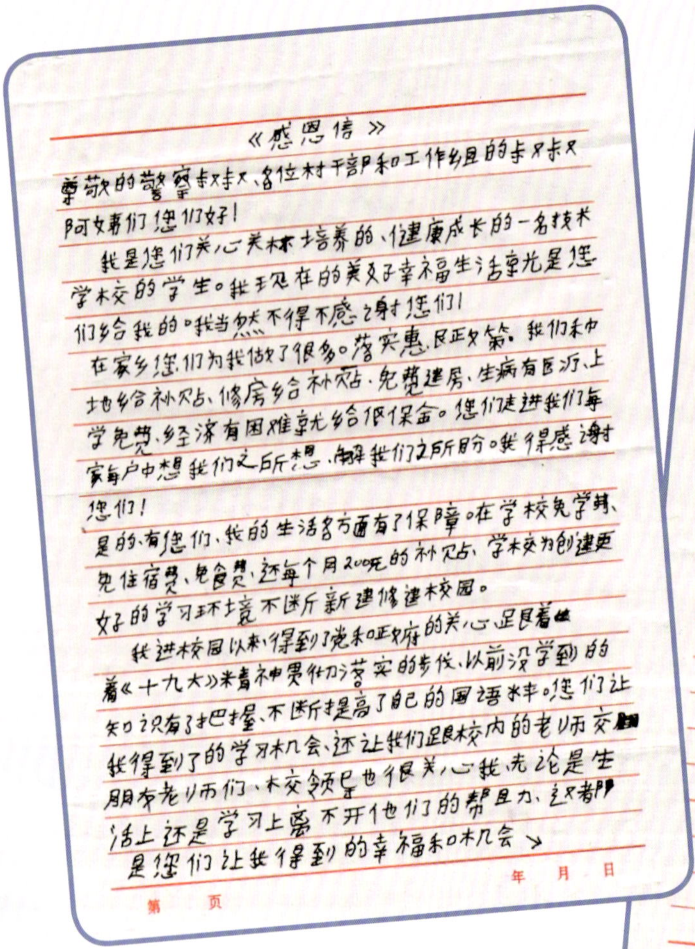

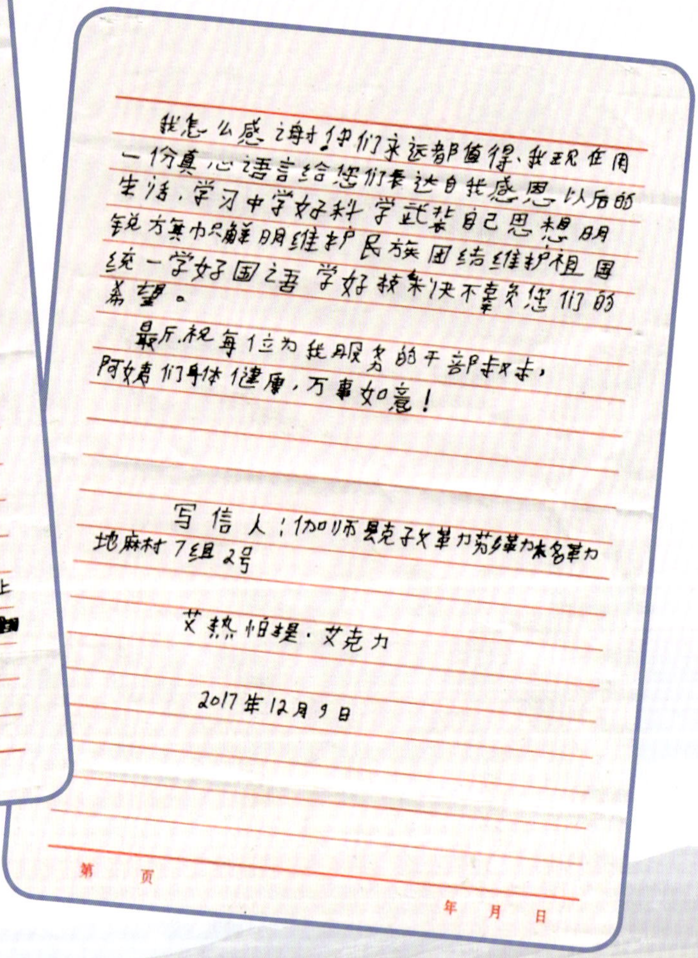